# 지구본 위에
# 칠판을 걸다

인도에서 유럽, 이집트까지 ---

# PROLOGUE

내 여행의 시작은 대여섯 살 때쯤이었던 것 같다. 우리 집 흙벽에 걸려 있는 달력 속의 사진이 너무도 신비로워 날마다 바라보다가 어느 날 의자를 딛고 올라가 달력을 끌어내렸다. 그리고는 달력 속 사진 속에 고사리 같은 발을 디뎠다. 디뎌봐야 갈 수 없다는 걸 언제쯤 알았을까. 언제부터 눈으로만 보았을까. 현실을 직시하기에는 너무 어린 나이였다.

'아는 만큼 보인다'는 말이 있다. 내가 여행하며 느낀 것은 '아는 것만 보인다'는 것이다. 35년간 중학교 교사로 재직하며 학생들에게 공부 잘하는 비결은 세계지도를 방에 커다랗게 붙이는 것이라고 말한다. 학창 시절을 보내며 세계문학을 읽을 때는 그 신비로운 나라가 어디에 있는지 궁금해서 사회과부도를 펼치고 찾아보곤 했다. 소설을 통해 그렇게 세계지도는 내게 들어왔고. 세계지도를 내 가슴에 품었을 때는 세상을 다 가진 것 같은 충만함으로 행복했다.

책을 통해 알게 된 장소를 현장에서 조우하는 것은 가슴 떨리는 설렘이다. 책 속의 현장을 만났을 때 설레지 않은 곳이 있으랴마는 그중에서도 로마의 포로 로마노와 이집트의 카르나크 신전이었다. 포로 로마노에 가면 로물루스에서 카이사르까지 모여서 토론하고 있는 현장을 볼 것 같았고, 카르나크 신전에는 람세스 2세가 하얀 도포 차림으로 나를 맞이할 것 같은 기대감이 있었다. 그리고 발길 머무는 곳곳마다 미켈란젤로,

레오나르도 다빈치, 밀란 쿤데라 등등 많은 작가와 성인들이 내 등 뒤에 와서 말을 건넸다.

나는 칠판을 걸고 아이들과 이야기하는 마음으로 여행을 했고, 여행 후에는 필자가 들어간 사진을 보여주며 여러 성인들과의 만남과 대화도 들려주었다. 이번 여행을 통해서 미술작품에도 한발 다가간 느낌이다. 그동안 미술에는 문외한이었는데 프라도, 루브르, 바티칸, 대영 박물관의 작품에 대해서는 아이들의 눈높이에서 화가의 열정을 그려보았다. 그래서 누구나 물 흘러가듯 즐겁게 볼 수 있으리라 생각한다.

얼마 전, 안타까운 소식을 접했다. 터키 에르도안 대통령이 성 소피아 성당을 모스크로 또다시 전환했다는 뉴스다. 비잔틴 최고의 걸작으로 동로마제국에서 세운 성 소피아 성당이 이슬람 정권으로 회벽칠을 당한 후, 모스크로, 박물관으로 사용되었었다. 2017년에 회벽칠이 벗겨진 사이로 크리스트교의 복음을 보았었는데, 이제는 또다시 얼마의 세월이 흘러야 성당의 제 모습을 볼 수 있을까.

퇴직을 앞두니 교직 생활의 내 역사도 정리하고 싶어졌다. 이미 20여 년 전부터 여행은 시작했지만 여행기를 쓴 것은 최근 몇 년간이라 이번에는 써둔 여행기만을 중심으로 책을 발간한다. 끝으로 코로나19로 세상이 묶여있는 요즘, 많은 사람들이 이 책을 읽고 간접여행이라도 떠나보셨으면 하는 바람이다.

2021년 2월

최혜경 씀.

# CONTENTS

## Chapter 1  인도

### 달력 속 세상에 발을 디디다.

# chapter 2　동유럽, 발칸

## 책과 함께 떠나는 유럽 여행

# chapter 3　스페인, 포르투갈, 모로코

## 눈부신 태양의 나라, 이베리아반도
## 가슴 뛰는 아프리카 입성, 모로코

# chapter 4 　터키

## 동서양의 문화가 살아 숨 쉬는 곳.
## 신화와 성경과 이슬람의 나라.

# chapter 5 　서유럽

## 모든 길은 로마로 통한다.
## 포로 로마노에서 시작된 토론 문화로

## chapter 6  두바이. 이집트

**두바이에서 베두인과 행복한 식사를 하다.**
**고대 대제국 이집트에서 람세스 2세와 조우하다.**

# chapter 1

인
도

# 달력 속 세상에 발을 디디다.

신화 속의 나라.

3,000년 전의 삶을 사는 나라.

살아있는 것은 모두 더불어 사는 나라.

세상의 모든 종교들과도 함께 사는 나라.

삶과 행복과 인간에 대해 알고 싶을 때, 가볼 수 있는 나라.

인간의 삶 속에 나타날 수 있는 모든 가능성을 응축하고 있는 나라.

〈신상(神像)〉이라는 인도 영화를 초등학교 시절에 보았다. 엄청난 충격이었다. 코끼리와 더불어 살다니. 그때까지 나는 한 번도 코끼리를 본 적이 없었는데. 내 뇌리에 인도는 코끼리와 같이 사는 나라. 부자 나라. 까무잡잡한 멋진 피부의 나라로 각인되었다.

그리고 20여 년 전에 인도에 한번 다녀오라고 손짓한 책이 있다. 류시화의 〈하늘 호수로 떠난 여행〉이다. 얇고 가벼운 이 책은 샛노랗게 변해서 아직도 내 서재를 지키고 있다. 내가 자신의 이름을 불러주니 반갑게 인사한다. 나는 씽긋 웃어준다. 길거리 아무 곳에서나 대변을 누고, 버스를 타고 가다 운전사가 볼일을 보고 올 때까지 몇 시간이고 아무 말 없이 기다리는 문화. 누군가의 물건을 죄의식 없이 가져오는 문화. 하느님이 내 것을 상대방에게 잠시 맡겨 둔 것을 가져올 뿐이라며. 거리거리에서 참선하는 사람들! 그들이 보고 싶었다. 이미 오래전에.

2012년 2월에는 학교 선생님들의 독서 동아리에서 인도 푸네대학 총장으로 있는 나렌드라 자다브의 〈신도 버린 사람들〉을 읽었다. 카스트 제도가 법으로 없어졌다지만 현실에서는 여전히 삶의 근간을 흔들고 있다는 인도의 현주소를 말해준 책이다. 자다브는 카스트 제도권 밖에 있는 불가촉천민(달리트) 계급이었지만, 훌륭한 아버지를 만나 대학 총장의 자리까지 오르게 된다. 아들의 교육을 위해 교실 바닥에 드러누워 버리는 아버지! 아들의 미래를 묵묵히 기도하며 열심히 살아준 어머니! 〈신도 버린 사람들〉은 인도에 대한 소중한 정보였다.

그래서 갔다. 지저분하고 더러운 정도는 상상을 초월했지만, 살아있는 것들은 모두 더불어 살고 있었다. 길가에서 잠을 자는 사람들. 옆에 앉아있는 소, 닭, 개, 비둘기, 파리 등 모두가. 인도도 새마을 운동이 일어나서 몇 년 후에는 신화 속의 삶을 보기 어려울 터이다. 그들의 입장에서는 빨리 개화해서 문명의 혜택을 입고 살아야겠지만, 내 이기심에는 개발 전의 인도를 보러 간다는 게 참으로 다행이다. 현장에서 본 인도는 대도시를 제외하고는 책으로 접한 모습과 거의 다를 게 없었다. 그리스 신화를 읽으며 신화 속의 삶은 어떠했을지 너무나 궁금했다. 그 신화의 세계를 인도에서 찾은 것 같다.

# .1.

## 세계에서 가장 큰 해시계를 가진 델리.
## 암베르 성이 있는 자이푸르

 2016년 1월 16일, 새벽 6시. 직장 일로 같이 갈 수 없는 딸에게 미안해하며 아들, 남편과 함께 인도로 향한다. 비행기에 오르니 학창 시절에 배운 인도의 역사가 파노라마처럼 흘러간다.

 0이라는 숫자를 발견한 인도. IT 업계의 선두를 달리는 인도. 종교의 성지라고 불릴 만큼 힌두교, 이슬람교, 불교, 자이나교 등 다양한 종교가 존재하는 나라. 인도는 BC 3000년 전에 세계 4대 문명 중 하나인 인더스 문명을 이루었다. 그 당시 도로와 그림 문자와 하수 시설이 발달했다. 검은 피부와 납작한 코를 가진 중간 키 정도의 드라비다족이 선주민이다.

 오후 8시 30분(인도 시간)에 인도 델리공항에 도착했다. 공항의 모습은 어디나 비슷하련만 역시 인도였다. 다르다. 공항에 들어서자

델리공항

12

참선할 때 흐르는 힌두교의 음악이 조용히 울려 퍼진다. 불교 경전을 읊을 때와 비슷한 음악이. 그리고 대합실에서는 터번을 두른 인도인들이 분주히 오간다. 부처님의 수인(手印)이 우리를 맞이한다. 수인(手印)은 열 손가락으로 진리를 표현하는 부처의 손 모양이다. 인상적이다.

17일, 델리 호텔에서 아침을 먹고 자이푸르를 향해 출발한다. 연분홍 색깔의 핑크 도시 자이푸르! 성벽 도시 자이푸르는 자이 왕의 성이라는 의미. 인도 최초의 9개의 도시 구역으로 정비된 계획도시. 영국의 에드워드 7세 왕세자가 인도를 방문하자 그를 환영하는 의미에서 도시를 붉은색으로 칠해서 핑크시티라고도 부른다고 한다.

자이푸르에서 우리의 첫 번째 여정은 장영실을 연상시키는 **잔타르 만타르** 관측소에 가는 것이다. 세계에서 가장 큰 해시계가 있다. 18세기 초에 세워진 천문 유적으로, 20여 개

잔타르만타르

로 구성된 주요 관측기구가 있다. 꼭대기에 있는 작은 돔 모양의 전망대는 달과 별의 식별, 계절풍이 오는 것 등을 관측하는 용도로 사용되었다 한다. 타국에 와서 장영실의 위대함을 새삼 느끼는 장소다.

버스가 출발하자마자 인도임을 실감한다. 코끼리가 인력거가 되어 길을 누빈다.

하와마할

바람의 궁전이라고도 불리는 황토색의 5층 궁전으로 18세기에 지어진 **하와마할**은 입장하지는 못하고 사진 찍는 것으로 대신한다. 이슬람식 건물

헤나체험

로 여인들이 바깥 사회를 구경할 수 있도록 안에서 밖이 잘 보이도록 만들었단다. 바람이 잘 통하도록 설계되어 있고 테라스가 멋지게 조성되어 있다는 게 특징이다. 프로그램에 들어있던 헤나 체험은 시간 관계상 버스 안에서 경험한다.

암베르성문

자이푸르에서 11km를 달려 인도에서 가장 아름답다는 **암베르 성**에 오른다. 사막에 지어진 성이라고 한다. 여기에서 가장 많이 쓰이는 이동 수단은 코끼리인데, 우리는 시간 관계상 지프 차를 타고 간다. 성의 입구에 다다르자 하나만 사 달라고 재촉하는 상인에게 어쩔 수 없이 인도풍 모자를 하나 샀는데 제법 그럴듯해서 일행들에게 인기 만점이다.

이 왕궁은 18세기 중엽에 완성하였으니 이슬람 왕궁이 확실할 것 같은데 입구에 다신교인 힌두교의 특성이 보이는 게 신기하다. 입구에는 부와 명예를 상징하는 코끼리가 새겨져 있다. 코끼리 부조를 보자마자 이 왕궁에는 재미있는 역사가 있다고 가이드가 흥분한다. 11세기 초에 힌두(브라만) 왕조에 의해 짓기 시작했는데, 이슬람 세력이 침략했다고. 이 성의 주인인 브라만 왕조는 무굴 제국의 악바르와 혼인 동맹을 맺으며 당당하게 힌두교 양식인 이 성을 지킬 수 있었다고. 하지만 당시 무굴 제국의 시대였으므로 무굴 황제가 암베르 성을 방문할 때면 성의 화려함을 감추기 위해 벽에 덧칠을 했단다. 그렇군. 가이드의 설명에 맞장구를 친다.

현존하는 **암베르** 성은 힌두 왕조 시대에 건축한 건물을 보수하여 18세기 중엽에 완성했다. 그래서 이 성은 힌두교 양식과 이슬람의 건축 양식이 공존하고 있나 보다. 아니면, 유일신을 믿는 이슬람 왕조가 백성의 대다수인 힌두교인을 흡수하는 차원에서 어쩔 수 없이 조금은 용인했는지도 모

암베르성 입구

르겠다. 구석구석에서 이슬람의 아라베스크 문양들이 섬세하고 화려하고 고급스럽게 빛을 발하고 있다. 유럽의 성당에 부조로 남아있는 성인들의 모습보다 자연을 부조로 남긴 이슬람 성당이 소박하고 편안해서 보기에도 좋다.

이슬람 왕조의 수도이며 궁궐이었던 암베르 성. 실내를 시원하게 만들기 위해 조개껍데기를 갈아서 건축한 곳. 성 건설에 아낌없이 투자한 만큼 무척이나 화려하다. 거울의 방이라 부르는 쉬시마할! 유리 조각을 이용해 만들었단다. 와! 감탄사 외에는 할 말을 잊게 만든다. 인간의 힘은 어디까지일까? 거울 조각들을 모자이크로 처리하여 하나의 초를

쉬시마할

밝히면 수천 개의 초가 밝혀지는 효과
가 있다고 한다. 궁전의 마당으로 나오
면 8각형의 분수가 있는 무굴식 정원
이 있고, 쉬시마할 맞은편에 후궁들의
거처인 하렘이 있다. 아직까지 하렘에           무굴식정원
대한 인식은 음란하고 퇴폐적이다. 하렘에 대한 아랍의 진실한 역사를
알고 싶다.

# .2.

# 샤 자한과 뭄타즈의 상징
# 타지마할과 아그라 성의 도시 아그라

18일, 달력 속의 타지마할이 아직도 눈에 선한데, 추억 속의 그곳을 50년이 지난 지금, 간다. 또 5~6시간이 걸린단다. 가슴이 떨린다. 아그라는 아그라 성과 이슬람 건축의 걸작인 **타지마할**로 유명하다. 무굴 제국은 16세기에 수도를 델리에서 아그라로 옮겼다. 무굴 제국이 100년 후에 수도를 다시 델리로 옮길 때까지 아그라는 북부 인도의 터전이었다. 힌두의 대서사시인 〈마하바라타〉에서도 아그라를 아그라바라나(천국의 정원)으로 묘사하고 있다고 한다.

타지마할은 78m의 무덤으로 야무나강변에 세웠다. 지반이 약하면 기울 수 있으니까 50개의 우물을 만들고 그 안에 나무를 세워서 건축했다. 홍수 시 지하에 물이 고이면 건물이 올라갈 수 있게 스프링 위에 설치했다(현재 바라나시 건물도 기울고 있다고). 타지마할 본채 건물 양쪽에 두 개의 작은 건물은 중심을 지키기 위해 만들었는데, 서쪽 모스크는 기도 장소, 동쪽은 손님을 맞는 영빈관이다. 정원에는 동서남북 4개의 분수가 있다.

남편의 사랑을 아낌없이 받은 왕비 뭄타즈의 흔적은 어떤 모습으로

타지마할

남아 있을까? 꿈속에서 볼 것 같은 흐릿하고 신비로운 조그마한 물체
다. 생각했던 것보다는 작다. 안개 낀 날씨 때문인지 타지마할은 영상
과 달력에서 보던 뽀얗고 웅장한 건물이 아니다. 어느 쪽에서 보든 4면
이 똑같다. 포토존에서 사진을 찍고 그녀를 만나기 위해 경건한 마음
으로 성문 앞에 선다. 성문 옆에는 문양처럼 예쁜 코란의 글귀가 쓰여
있다.

무굴 제국 술탄 왕조 시대의 30개 건물이 유네스코 세계 문화유산이
다. 무굴 제국(16~19세기)의 5대 황제 샤 자한은 세 번째 부인 뭄타즈가
죽자 그녀를 위해 마할(성)을 궁전 형식으로 만들었고, 종교도 이슬람으
로 개종했다. 샤 자한이 뭄타즈를 만난 이야기는 전설처럼 전해지고 있
다. 샤 자한이 평민복을 입고 궁밖에 나가 시내 구경을 하다 보석을 보
고 뭐냐고 물었다. 상인 여자가 "눈이 없어? 반짝이는 소금이야."라고
답했는데 이때, 바람이 불어 얼굴을 가린 손수건이 날아가 버렸다. 상

인 여자의 얼굴을 본 후에 샤 자한이 짝사랑에 빠졌다. 한참 후에 라마다 금식 기간이 있었다. 라마다 행사장에 샤 자한이 나타나자 상인 여자는 자기가 아는 남자라고 감히 샤 자한에게 다가갔다가 감옥에 갇혔다. 후에 암베르 성 일반 접견실에서 둘은 만나게 되고 결혼했다는 전설 같은 이야기다.

샤 자한은 전쟁에도 항상 뭄타즈를 데리고 다녔고, 전쟁터에서 아이를 출산하다 39살의 나이에 뭄타즈는 죽는다. 결혼하지 않겠다는 약속과 세상에서 제일 아름다운 무덤을 짓겠다는 약속을 한 샤 자한은 뭄타즈를 화장하지 않고 매장(터키+인도+파키스탄+이란 양식으로 1631년에 시작. 1653년에 완성)했다. 여기도 이슬람과 힌두의 조화로운 양식으로 정문과 담장은 붉은 사암을 썼고, 본관은 흰 대리석이다. 이 대리석은 이란에서 가져온 원석을 사용했고, 연꽃은 빨간색 루비로, 나뭇잎은 청록색 에메랄드 보석으로 장식했다. 이 아름답던 장식들이 훼손되어 있다. 이유는 식민지 시절에 영국이 원석은 놓고 보석만 다 파서 가져갔기 때문이란다. 테두리 부분은 진짜 금이라고. 금을 파 가지 않은 걸 보니 금보다 보석이 더 가치 있나 보다.


성에 들어가면 1층 중앙은 왕비 뭄타즈의 무덤. 왼쪽의 높은 것은 왕 샤 자한의 무덤이다. 지금 보이는 1층은 가상(假象)의 무덤이고 진짜는 지하에 있다. 진짜는 촬영 금지라 아쉽다. 모든 것이 대칭인 이곳에 비대칭이 하나 있다니 그곳이 바로 지하에 있는 진짜 무덤이다. 샤 자한은 뭄타즈만을 위해 이곳을 지었기 때문에 뭄타즈 묘 하나만 들어가게 만들었는데, 샤 자한의 아들이 효심으로 아버지를 뭄타즈 옆 좁은 곳에 안장했다. 그래서 뭄타즈의 묘는 크고, 샤 자한의 묘는 작다.

타지마할 완성 후, 왕은 이런 무덤을 다시는 만들지 못하도록 건축가들의 손을 모두 자르고 장님을 만들었단다. 대신 억만금의 돈을 지불했다니 샤 자한의 뭄타즈에 대한 사랑은 무섭다 못해 괴기스럽기까지 하다.

뭄타즈와 사자한의 가묘 앞

아그라성

샤 자한이 죽어간 아그라 성으로 간다. 야무나강을 사이에 두고 2.5km 떨어진 곳에 타지마할과 마주 보고 있다. 붉다. 앞에 가로막고 있는 멋진 성은 붉음 자체이다. 16세기 악바르 대제가 델리에서 아그라로 수도를 옮기면서 사암으로 붉은 성을 만들기 시작했던 것을 샤 자한이 왕비를 위해 1631년부터 보수했다. 샤 자한은 이 성의 창문을 통해 타지마할에 묻혀있는 왕비를 바라보며 죽어갔다 한다. 타지마할 건설 등으로 경제가 어려워지자 아들이 아버지를 아그라 성에 8년 동안 감금하고 자기가 왕이 되었다. 성 주위에는 해자도 있다. 붉은빛이 많이 도는 건축은 목조 건물 같은 느낌이다. 성 한가운데 서서 인도인들의 피땀을 돌이켜보고, 아이러니하게도 그로 인해 먹고 사는 국민들의 자긍심도 더불어 보면서, 정의 내릴 수 없는 삶에 대해 생각해 본다.

# .3.

## 아그라에서 잔시를 거쳐
## 카주라호에 도착하는 기차 여행

19일, 열차를 타고 잔시로 출발한다. 4시간가량 걸리는데 인도는 아무 때나 시도 때도 없이 연착한단다. 후진국의 굴레일 수밖에 없다고 처음엔 생각했지만, 이내 생각이 바뀐다. 정말 안개가 많다.

아그라역

안개의 나라는 영국이라고 알고 있었는데 내륙인 인도 북부가 이렇게 안개가 많을 줄은 미처 몰랐다. 잠시 후진국이라 치부했던 생각을 빨리 걷어낸다. 우리는 다행히도 두 번의 연착 끝에 잔시에 도착한다. 도착하자마자 짐꾼들이 득달같이 달려든다. 무거운 캐리어 가방을 두세 개씩 머리에 이고, 기차에 옮겨준다. 겨우 1달러를 받으면서. 그리고도 감사해 하며.

이제는 배움의 문이 활짝 열려서 힘든 노동일을 하는 사람들이 적어지겠지만, 카스트 제도가 현존하는 한, 배움의 의미는 얼마나 가치를 발휘할지 답답하다. 법으로만 없어졌지 현실에서는 철옹성 같은 카스트 제도. 그들 삶 속에 카스트는 어떻게 존재할까.

# .4.

## 국민들의 性 교과서인
## 힌두교 사원 카주라호

4시간의 **기차 여행**을 하며 아들 은 인도 친구도 사귀고, 기차 내에 서 일행들의 궁금증을 풀어주며 실 력 좀 발휘한다. 우리나라 한림대학 에서 영어를 가르친다는 교수님은

기차 여행

친구를 만난 것처럼 아들에게 끊임없이 말을 건다. 뭄바이에서 대학에 다닌다는 인도 아가씨는 굉장히 적극적이어서 인도문화에 대해 어쭙잖 게 알고 있던 나는 깜짝 놀란다. 몸을 가리고 세상에 드러내지 않는 여 성들의 문화라고 생각해서 무척이나 수줍음이 많을 줄 알았는데 놀랄 만큼 적극적이다. 개방된 여대생이라서인지, 성(性)에 대해 자유로운 인 도 문화 때문인지 인도에 대해 새롭게 인지하는 시간이다.

아들이 영어 교육과에 다닌다고 하니까 아가씨는 반가워하며 영어를 쓰기도 잘하냐고 묻는다. 내가 너털웃음을 지으며, 말하기보다 쓰기 를 더 잘한다고 하니까 놀란다. 영국 식민 지배 후에 인도에서는 영어 와 인도어가 공용어로 쓰이고 있는 만큼 영어 말하기는 모국어 말하기

와 같다고. 인도를 여행하며 여성들의 복장이 무슬림과 흡사해서 궁금
했는데 전통 복장이란다. 1947년 영국에서 독립하여 힌두 문화권을 되
찾았다고 하지만, 아랍의 지배로 1,000년 이상을 살았다. 그렇기 때문
에 이슬람 문화가 전통 복장으로 자리 잡은 것은 당연한 건데, 거기까
지 생각이 미치지 못했다. 자연스레 이슬람 복장이 전통 복장에 스며
든 것으로 보인다.

카주라호

카주라호! 950년부터 1050년까지 건축. 전형적인 힌두교 사원으로
30여 개의 탑이 산재해 있다. 유네스코 세계 문화유산으로 등록된 힌
두교 에로틱 사원. 에로틱이라 부르기엔 너무 성(聖)스럽다. 유교 문화
권에서 살아온 내가 BC 시대도 아닌 AD 1000년경에 성행위로 사원
전체를 조각했다는 게 문화적 충격이다. 사실 카주라호는 BC 3000년
정도의 선사 시대에 건축했을 거라 생각했었다. 근데, 비교적 최근의

일이니 놀랄 수밖에. 신화시대를 볼 수 있을 거라 직감했던 것이 맞았다. 부조 하나하나에 번호가 새겨진 것도 이색적이다. 이슬람이 들어와서 카주라호를 부수며 얼마나 미개한 나라로 치부했을까.

이 사원을 세운 시기는 우리의 고려 시대로 불교와 유교 문화가 철저해서 절제와 예절이 굳건했을 시기였을 터인데 인도는 신화의 시대가 지속되고 있었다. 인간만의 성행위뿐만 아니라 동물과의 수교도 적나라하게 사원을 뒤덮고 있다. 일반인에게 이런 성문화를 가르친 것은 국가에서 여자들에게 베푼 은덕이라고. 남편이 밖으로 돌지 않게 글을 모르는 여자들은 이 사원의 부조를 통해 배웠다고. 너무도 적나라하고 변태적이라

카주라호

눈을 어디다 둬야 할지 혼란스럽고, 거기다 대학생인 아들과 동행인지라 난감함은 말로 표현하기 힘들다.

글은 브라만 층의 특권이고, 평민들에게는 본능만 익혀서 위를 바라보지 못하게 하기 위한 다분히 정책적인 제도로 **카주라호**를 건축한 것으로 보인다. 인도의 본모습을 보고 있음에 씁쓸하다. 더불어 억울함

25

을 표현하지 못하는 백성을 위해 훈민정음을 만든 세종대왕이 위대하
고 고맙게 느껴지는 순간이다.

우리의 신화시대도 이와 같았을
까? 인간과 동물은 어떤 차이가
있을까? 많은 궁금증과 심란함을
뒤로하고, 옆에 있는 자이나교 사
원으로 간다. 자이나교는 BC 6세
기에 브라만교에 반대하여 창설한

자이나교

인도의 종교이자 철학이다. 불교의 전신으로 보는 학자들도 있으며, 예
전에는 실오라기 하나 걸치지 않고 생활했다 한다.

# .5.

# 영적으로 깨어있는 도시,
# 출생과 죽음이 일어나는 곳 갠지스강

영적으로 깨어있는 도시, 바라나시. 성스러운 도시로 잘 알려져 있는 바라나시는 힌두교의 중요한 성지이며, 연 100만 명의 순례자가 찾는 곳이다. 21일, 새벽 4시, 소똥과 사람 똥으로 뒤덮인 거리를 지나쳐 릭샤(자전거 마차)를 타고 갠지스강에 도착한다. 인도 문명의 젖줄인 이곳은 힌두교 제단, 화장터, 목욕장, 빨래터가 강가에서 이루어진다. 힌두인들은 이 강물에 목욕을 하면 모든 죄를 면할 수 있고, 죽은 후에 뼛가루를 흘려보내면 극락에 갈 수 있다고 믿는다. 일출을 보러 새벽에 나왔지만 오늘은 일출 보기는 어렵단다. 내 눈엔 날씨가 정말 좋아 보이는데 또 그렇지만은 않나 보다.

아! 바라나시다. 갠지스다! 직접 눈으로 볼 수 있다니. 믿기 어렵다. 영상으로만 보던 갠지스! 정말 강가 바로 옆에서 화장이 이루어진다. 정말 인도에 왔구나. 여기가 바로 인도구나. 세계 어느 나라에도 이런 문화가 있을까. 삶과 죽음은 자연의 한 자락이라는 불교 경전처럼 화장이 이루어지는 바로 옆에서 목욕재계하고 그 물을 마시고 있다. 힌두교도에게 '성스러운 강'으로 숭상받고 있는 갠지스는 히말라야산맥에서

갠지스강

발원하여 갠지스강으로 내려온다. 강 주변의 평야는 인도 북부의 곡창
지대를 이루는 동시에 힌두 문화의 중심지다.

화장할 때는 나무의 종류에 따라 값이 달라진다. 부자가 아니면 갠
지스 강가에서의 화장은 상상도 못 한다고 한다. 지금은 화장 후에 갠
지스강 멀리에 뿌린다지만, 주변이 화장연기로 자욱하다. 한 번 화장에
12시간이 걸린다. 일 년 열두 달 화장은 끊이지 않고 계속 이어진다.
우리가 도착한 화장터에는 한 건의 화장이 끝나가고 바로 다음 차례를
기다리는 시체가 하얀 천으로 덮여 있다. 화장터 위로는 건물들이 죽
늘어서 있는데 평생 동안 끊기지 않는 연기 속에 어떻게 사는지 참으
로 신묘하기조차 하다. 여기에 사는 사람들이 인도의 부를 짊어지고 있
는 브라만들이다. 신자들이 찾아오면 아래로 내려와 기도를 해주고 많
은 돈을 챙긴단다.

갠지스강

어둡고 침침한 갠지스강이 갑자기 활기가 돈다. 새신랑 신부가 화려함의 극치를 뽐내며 갠지스강 신에게 혼인을 보고하러 왔기 때문이다. 신랑 신부 둘 다 보석을 머리끝에서 발끝까지 도배를 했다. 인도에서는 4박 5일 정도로

갠지스강의 결혼식

결혼식을 하는데 돈이 많이 들어 결혼식이 끝나면 빚에 허덕이다 자살하는 사람도 많다고 한다. 자신을 과시하기에 가장 좋은 것이 결혼식인데 재산이 없으면 결혼도 못 하고, 결혼식에서는 내일은 없는 사람들처럼 최고조의 감정으로 축제를 벌인단다. 또한, 결혼 전에 신부집에서는 신랑집에 막대한 지참금을 주어야 한다. 우연히 사르나트 유적지로 가는 길에 화려한 결혼식을 보게 되었다. 가이드는 친절하게 버스 안에서 웨딩 광경을 볼 수 있도록 배려해 준다.

먹먹한 가슴으로 갠지스강을 뒤로하고 호텔로 돌아와 요가 체험을 하고 부처님을 모신 사르나트 유적군인 녹야원(사슴 공원)으로 떠난다. 선사 시대 우리의 삶이 이랬겠지. 노상방뇨는 기본이다. 재래시장은 굳이 갈 필요 없이 물건을 내놓은 길가는 그냥 시장이 된다. 인도 남자들은 담배를 피우지 않는다고 생각했는데, 가이드 말이 뭔가를 계속 먹고 있는 것이 담배란다. 제조 과정 없이 과자처럼 만들어서 먹고 있다. 오늘은 고창에서 왔다는 일행과 많은 이야기도 나눈다. 차창으로 보이는 가로수인 말고사 나무는 한 그루에 천만 원을 호가한단다. 말고사 나뭇잎으로 치약을 만들고, 나뭇가지로 이를 비벼도 뽀얀해진다고 한다.

녹야원

넓게 자리잡은 **사르나트 유적지 녹야원**은 과거 번창했던 불교성지로서의 면모를 보여준다. 깨달음을 얻은 부처가 설법을 전한 장소다. 담벼락, 기둥 등에는 금가루에 많이도 붙어있다. 좋은 것을 발라야 소원이 이루어진다고 신자들은 생각했나 보다. 다멕스투파라는 널따란 굴뚝 모양의 흙탑이 있다. 넓이가 28.5m, 높이가 33.5m로 그 내부에 불상이나 보살상을 안치했던 것으로 추정된다. 깨달음을 통해 부처가 될 수 있음을 알려준 석가모니의 크나큰 교훈이 정작 발상지인 인도에서는 한낱 조그만 종교로 전락한 것 같아 씁쓸하다.

사르나트 **고고학 박물관**은 시간 관계상 내부 입장은 생략한다. 각도에 따라 웃는 모습과 고뇌하는 모습이 다르다는 드라비다 미술을 보고 싶었는데⋯ 내부에 카주라호에서 많이 보던 성(性)에 대한 유물이 많

고고학박물관

고, 고고학적인 유물들이 있다고 하는데… 아쉬움을 뒤로 하고 외부에
서 사진 찍는 것으로 대신한다.

녹야원 바로 옆에 있는 스리랑
카 불교사원은 1931년에 전 세계
독지가의 도움으로 건립했다고
한다. 스리랑카 불교는 소승 불교
라고도 하며 동남아시아, 태국,
미얀마 등의 남방 불교를 말한다.

스리랑카 사원

중국, 한국, 일본 등에 전해진 북방 불교는 대승 불교라고 한다. 스리
랑카 불교는 자연 그대로를 활용하여 건축한다는 것이 특징이다. 암석
그대로가 건물의 한 벽면인 곳도 있다. 부처의 치아와 보리수를 불교의
보물로 여기는데 여기에 있는 보리수는 부처가 깨달음을 얻은 장소에
서 묘목을 가져다 심은 것이라 한다.

# .6.

## 간디의 유해가 있는 라지가트.
## 혼합 종교인 바하이 사원

침대 기차를 타고 델리로 간다. 역시나 안개가 많아 기차는 지연의 연속이다. 일정대로 이루어지면 좋은데 조바심이 난다. 여름방학 때, 독립군들의 발자취를 따라 만주와 하얼빈을 가며 탔던 기차와 똑같은 3층 열차다. 일행은 여기서 어떻게 잠을 자느냐고 하지만, 한번 경험했던지라 나는 걱정 없이 맛있게 잠을 잘 수 있었다.

22일, 기차에서 잠을 자고, 물수건으로 세수. 간단히 선크림을 바르고 입은 옷은 그대로. 오늘 여정을 시작한다. 다시 불멸의 도시 델리다. 북인도에 위치한 델리는 힌두문화와 이슬람문화가 양립하고 있으며, 특히 이슬람문화의 색채가 강해 가난하고 유유자적한 모습으로 인간 본연의 모습을 추구하며 살고 있다. 인도의 수도이자 인도에서 세 번째로 큰 도시인 델리는 구델리와 뉴델리로 나뉘는데 구델리는 17~19세기 동안 인도의 수도였으며, 돈은 많지만 권력이 없는 부자들과 이슬람들이 주로 살고 있다.

신흥부자와 권력이 있는 사람들이 살고 있는 뉴델리는 영국에 의해 새롭게 만들어진 도시다. 뉴델리는 1912년 건설되기 시작했으며, 델리, 자이푸르, 아그라를 잇는 황금 삼각형의 북쪽 정점이다. 신비의 나라 인도를 체험하는 시발점인 델리는 가난을 상징하는 과거(구델리)와 신도시(뉴델리)의 현재가 길 하나로 확연하게 나누어진 모습이다.

　점심은 무굴식으로 화덕에 구운 닭고기(우리의 바비큐)와 난, 카레, 가늘고 얇은 쌀(안남미)로 지은 밥을 먹는다. 인도 음식 중에 **난**은 잊을 수 없다. 여기서는 돼지고기와 소고기는 거의 볼 수가 없는데 이슬람인과 힌두인에 대한 배려 때문이란다.

난

하여 날마다 보는 닭고기는 질릴 지경이다. 더 많이 보는 난은 호떡 같은데, 속은 아무것도 없지만 참 맛이 있다. 호떡처럼 만들어서 화덕에 굽는다고 한다. 음식이 입에 맞지 않아 힘들었는데, 난이 인도여행에서 내 배를 채워준 일용할 양식이었다. 그동안의 식사 중, 무굴식이 가장 으뜸이다. 일행들도 무굴식에 만족해한다.

　간디를 추모하기 위해 조성된 공원이며, 1984년 극우파 힌두 청년에게 암살당한 간디의 유해를 화장한 곳인 **라지가트**에 간다. 검은 대리석의 단상은 참배객들의 꽃으로 덮여 있다. 인도 출신인 우리의 오동통한 가이드는 목소리를 높인다. 세계적으로 추앙받는 간디는 정작 본국에서는 시큰둥한 반응이라고. 인도 독립 후, 간디는 네루를 수상으로 만들어 13억 인도인이 100년 동안 먹고 살 수 있는 재산을 네루 후손들에게 돌아가게 했다고. 독립운동 때, 영국은 이슬람교도들을 다른 지역으로 이주시켜 동서 파키스탄을 만들었는데 지도자인 간디가 액션을 취하지 않고 영국에 동조했다고. 비폭력운동의 아버지 간디에 대한 그동안의 내 인식에 마찰이 일어나 머릿속은 이미 카오스다. 집에 돌아가 간디에 대해 구체적으로 공부해야겠다.

라지가트

바하이 사원

1986년에 세워진 연꽃 모양의 **바하이 사원**에 간다. 언뜻 보면 호주의 오페라 하우스 같다. 세계에서 가장 아름다운 건축물 중 하나라고 한다. 하얀 대리석을 사용하여 연꽃이 반쯤 핀 모양으로 27개의 꽃잎으로 표현했다. 바하이교는 힌두교와 불교를 혼합한 신흥 종교다. 이슬람교의 성전(聖戰), 지하드를 부정하고, 세계 평화를 목표로 한다. 신도는 5,000명인데, 외국인이 3,000명이라고 한다. 또 신발을 벗고 입장해 본다. 인도 토박이 가이드는 우리나라에 유학을 와본 것도 아닌데 우리말을 너무 유창하게 잘한다. 이유를 물었더니 우리나라 가이드를 하고 싶어서 한국 가이드인 현지인에게 온갖 욕과 구박을 받으며 배우게 되었단다. 그의 노력에 감탄할 뿐이다.

# .7.

# 이슬람 양식의 보석
# 꾸뜹미나르와 시크교가 있는 델리

자미마스지드 사원

23일, 어제 입장을 못 한 구델리 최대의 모스크인 자미 마스지드에 들어가려 다시 시도해 보지만, 오늘도 축제행사가 있다고 입장불가다. 자미 마스지드는 샤 자한의 마지막 건축물이자 인도와 이슬람 양식이 융합된 걸작이다. 너비 60m, 길이 36m. 15년에 걸쳐 붉은 사암으로 지었다 한다. 꼭 들어가 보고 싶었지만, 아쉬움이 너무 크다. 외관으로만 봐도 웅장한 모스크다.

구델리 시장은 이슬람 지역이라서인지 훨씬 열악해 보인다. 북적이는 사람들. 프랑스 대통령의 방문이라고 도로를 점거한 군인들. 훔쳐온 자동차를 분해한 가게들. 일반 인도지역에서 보지 못한 소고기 정육점. 불결하다는 표현은 이제는 사치다. 신화시대에 우리도 똑같았겠지.

1차 세계대전에 참가했던 군인들을 기리는 인도문은 파리의 개선문과 흡사하다는데 프랑스 올랑드 대통령 덕분에 군인들이 통제하고 있다. **대통령궁**은 식민시대에는 영국 총독의 관저로 썼고, 독립

대통령궁

이후 대통령궁으로 사용된다는데 역시 입장 불가여서 버스 속에서 보는 것으로 만족한다.

버스 안에서 보는 구델리의 모습은 뉴델리와 확연히 비교가 된다. 이렇게도 열악할 수가. 이런 생활을 지속한다는 게 신기할 뿐이다. 구델리에 살고 있는 이슬람 가정은 일부다처제로 한 가족이 보통 50명이 넘는다고 한다. 굶주림이 다반사인 인도의 많은 가정들. 그리고 카스트 제도가 유지되는 인도! 얼마나 많은 시간이 흐르면 먼 과거의 이야기처럼 그들은 어릴 적에 많이 굶주렸다고, 그리고 카스트 제도가 있었다고 말할 수 있을까?

델리를 대표하는 이슬람 양식의 보석인 꾸뜹미나르로 간다. **꾸뜹미나르**는 높이 72.5m인 5층의 거대한 탑으로 1193년에 힌두 왕국을 정복한 기념으로 무굴 제국의 술탄 꾸뜹에 의해 세워졌다. 꾸뜹은 아프가니스탄의 노예 출신의 장군이라고 알려져 있다. 이슬람 양식으로는 인도에서 가장 높은 석탑이다. 힌두교 사원을 파괴하고 그 자리에 세운 탑(미나르)으로 하단은 사암, 상단은 대리석으로 되어 있다. 1층은 힌두 양식, 2·3층은 이슬람 양식이며, 각 층마다 발코니가 있고 좁은 380여 개의 계단이 있다.

과거에는 탑의 내부 관람이 가능했으나 1979년 단체여행을 온 학생의 사고로 현재 탑의 내부는 일반에게 공개되지 않는다. 델리의 대표적인 상징물로 유네스코 세계문화 유산으로 지정되어 있다. 이 탑에는 구뜹이 자신의 왕비가 메카를 향해 기도하러 여무나 강가까지 가는 것을 안쓰럽게 여겨 건설했다는 민간설화도 전해진다.

아치문 안쪽으로 세계 7대 불가사의의 하나인 철탑이 있는데 이 철탑은 순도 99.9%의 철로 되어 있으며 1,500년이 지나도 부식되지 않는다고 한다. 이 철탑을 안고 소원을 빌면 이루어진단다.

암베르 성이나 아그라에서 느끼지 못했던 또 다른 묘미다. 가보진 못했지만, 포로 로마노에 온 느낌이다. 꾸뜹미나르 주변의 건축물은 힌두교 사원의 본채를 그대로 살렸

꾸뜹미나르

기 때문에 이슬람 양식과 어우러져 묘한 풍경을 자아낸다. 긁어냈다 하더라도 외설적이면서, 신화적인 힌두교의 문양이 많이 남아 있다. 밋밋한 꾸뜹미나르 건축물보다는 주변의 힌두사원이었던 건축물들이 예쁘고 고풍스럽다.

철탑과 꾸뜹미나르

우리 여정의 마지막인 **시크교 사원**이다. 인구 4명 중 3명이 힌두교이고, 다음은 이슬람교, 시크교, 불교, 자이나교, 바하이교 등 수많은 종교들이 산재해 있는 나라. 인도

시크교 사원

에서 첫 번째 잘사는 종교는 자이나교. 두 번째는 시크교란다. 자이나교와 시크교는 경제적으로 서로에게 많은 도움을 준다고 한다. 두 번째로 잘사는 시크교는 10명의 신을 섬기며, 사원에 들어간 사람에게는 종교와 관계없이 식사를 대접한다. 시크교는 죽을 때까지 머리와 수염을 자르지 않고, 항상 조그마한 칼을 몸에 지니며, 전쟁을 위해 반바지 팬티를 입고 머리를 둘둘 말아서 터번을 쓰고 다닌단다.

발을 깨끗이 씻고 입장한다. 창시자인 나나크는 16세기 힌두 집안에서 태어났으나 메카 순례 중 신의 계시를 받고 힌두와 이슬람 통합의 전도사로 활동했다. 인간의 절대 평등을 주장하여, 민족주의자와 하급 카스트의 호응을 받았다. 인디라 간디 총리(네루 총리의 딸)의 암살(1984)은 이 시크교의 과격파에 의해 이루어졌다.

델리에 오니 다른 지역에 거의 없는 병원이 보인다. 국립병원은 산 사람도 죽어서 나온다고 생각하며 공무원에 대한 불신은 매우 크다 한다. 그래서 개인병원이 인기가 좋은데 너무 비싸다고. 그럼에도 공무원이 되려고 엄청나게 노력하는 이유는 공무원이 되면 눈에 보이지 않는 수입이 많고, 신분 상승이 되기 때문이란다. 카스트에 따라 배정 비율이 있다고.

하지만 정작 노력으로 신분 상승을 해도 성공하는 사람은 손꼽을 정

도이고, 공부를 많이 해도 수드라 층이나 불가촉천민 등은 현실에 부딪혀 어려움이 많다고 한다. 법으로야 이미 카스트 제도가 무너졌다고 하지만, 지금도 여전히 뉴스를 통해 다른 카스트와의 결혼 때문에 사람을 죽이는 일이 비일비재하게 일어나고 있음을 알 수 있다.

인도는 다양한 종교와 다양한 인종이 살고 있어서 크고 작은 사건들이 자주 일어나는 것 같다. 면적으로는 세계에서 일곱 번째로 넓은 나라. 남한의 33배에 해당한다.

BC 15세기쯤 선주민인 드라비다족이 살던 인도 북부에 인도·유럽어족인 아리안족이 침입한다. 백인인 아리안족과 흑인에 가까웠던 드라비다족이 만나 지금 인도인의 모습이 등장한 것으로 보인다. 현재 인도 북부에는 백인이 많고, 남부에는 선주민이 많다고 한다.

당시 인도 드라비다족은 인더스 문명인이었고, 침략자인 아리안족에게는 베다 문명을 이룩한 브라만교가 있었다. 아리안족은 브라만교에 있던 카스트 제도를 이용하여 자신들은 브라만 층부터 바이샤 층까지 차지하고, 선주민은 맨 밑에 허드렛일을 하는 수드라 층에 배치한다. 카스트 제도 안에도 들지 못하는 불가촉천민에게는 시체 닦는 일, 변소 치우는 일, 가축을 다루는 일을 맡긴다.

브라만교가 지배적이던 BC 6세기의 인도에 인간의 평등을 외치며 부처가 나타난다. 부처에 의해 인도 사회가 많이 흔들릴 때, 지배 계급에 있던 브라만 층은 선주민의 인더스 문명과 자신들의 베다 문명을 융합하여 힌두교(india)라는 이름으로 선주민을 끌어들인다. 힌두교는 브라만교와 민간신앙의 전체집합인 셈이다. 지배층의 영향력은 어디에서나 힘을 발휘하므로 평등을 말한 불교보다 자신들의 민간 신앙을 접목해 준 카스트 제도에 선주민인 드라비다족은 동승한다. 이에 인도인들은 힌두교의 교리인 카르마(운명)를 받아들이고, 다르마(의무 이행)를 실천하며 살아온 것으로 보인다. 브라만교는 힌두교로 이름을 바꾸며 인도에서 굳건히 자리 잡은 것 같다.

인도는 BC 2000년부터 베다 문명의 체제로 AD 1000년까지 이어온다. BC 4세기 즈음에는 페르시아와 그리스의 침공 등 많은 정복을 당한다. AD 8세기에는 이슬람의 침략을 받아 1,000년 동안 이슬람의 문화권에 있었고, 15세기에는 튀르크계 몽골인 티무르의 침입으로 무굴 제국이 세워진다. 무굴 제국도 이슬람을 받아들인다. 1857년 무굴 제국이 멸망한 후 영국의 식민지가 되었고, 1947년 독립하였으나 힌두권 중심인 인도와 이슬람권인 방글라데시와 파키스탄으로 분리된다.

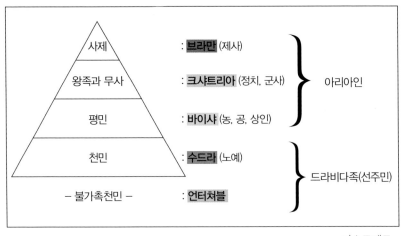

카스트제도

현재 인도에는 아리아족(72%), 드라비다족(25%)이 살고 있고, 종교는 힌두교인이 제일 많고, 무슬림이 그 뒤를 잇는다. 힌두교에서는 브라흐마, 비슈누, 시바를 가장 중요한 신으로 꼽고 있다. 그리스 신화의 제우스, 포세이돈, 하데스와 같다고 보면 될 것 같다. 브라흐마와 비슈누는 베다 문명에서, 시바는 인더스 문명에서 시작된 신이라 한다. 섬기는 신도 두 문명에서 적절히 조화롭게 선택하여 선주민을 포섭한 아리아인들의 꾀가 영특하다.

새로운 사고를 가능하게 하는 베다 수학이 태어난 인도! IT로 세계를 주름잡고 있는 인도! 그러면서 정반대 방향인 본능대로 사는 나라. 절제되지 않은 삶. 다양한 종교가 모두 집합되어 있는 곳. 그곳이 인도였다. 정말 다양했다. 동유럽과 주변 아시아를 여행하면서 선진 문화도 보았지만, 인도는 어떤 나라라고 규정짓기 어렵다. 인간의 삶 속에 나타날 수 있는 모든 가능성을 응축하고 있는 나

트라이앵글(델리, 자이푸르, 아그라, 카주라호, 바라나시)을 다니면서 8일에 걸쳐 인도를 보았다. 그 넓은 인도의 1/100도 보지 못했는데 다 알게 된 느낌은 왜일까? 부

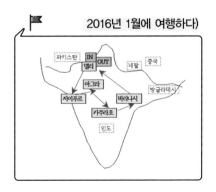

델리공항

러움과 안타까움을 모두 느낀 인도는 내 뇌리 깊숙이 자리 잡는다. 인도의 다양한 문화를 확인했다는 것만으로도 가슴 벅찬 일이다. 문명의 이기(利器)로 인도도 몇 년 후면 달라지겠지만, 인도의 문화유산은 그대로 이어지길 기원하면서 인천행 비행기에 오른다.

2016년 1월에 여행하다)

파키스탄 IN 델리 OUT 네팔 중국
아그라
자이푸르 바라나시 방글라데시
카주라호
인도

43

# chapter 2

(독일, 폴란드, 오스트리아, 헝가리, 크로아티아, 슬로베니아, 체코)

동유럽
발칸

7

프라하-구시청사의 시계탑

# 책과 함께 떠나는 유럽 여행

구스타프 클림트의 「키스」

# .1.

## 베를린의 상징
## 브란덴부르크 문과 베를린 장벽 – 독일

세계 여행의 마지막은 동유럽에서 장식하라고 여행가들은 말한다. 너무나 아름다워서 동유럽을 보고 나면 다른 곳이 시시해진단다. 2015년 7월 21일(화) 새벽 5시 30분 전주 출발. 인천공항에서 2시에 **독일**의 프랑크푸르트로 직항. 11시간의 비행이었지만, 영화 3편, 두 번의 잠은 어느새 우리를 독일로 데려다 주었다.

**베를린**에 도착하는 즉시 빌헬름 1세를 버스 안에서 만난다. 초대 황제 빌헬름 1세를 위해 세웠다는 카이저 빌헬름 기념 교회. 국어 교과서에 실렸던 〈빌헬름 텔〉이 떠올라 반갑다. 소설 〈빌헬름 텔〉은 스위스 명사수의 이야기로 권위에 대항하는 전설적인 이야기인데, 독일 황제 빌헬름 1세와 이름이 비슷하다

빌헬름교회

는 이유로 친근하다. 빌헬름 교회는 2차 세계대전 때, 파괴되었으나, 전쟁의 참혹함을 기억하기 위해 재건하지 않는다고 한다.

옆으로 67m의 전승기념탑이 있고, 그
탑의 꼭대기에 승리의 여신인 빅토리아
상이 있다. 베를린의 상징 브란덴부르크
문은 그리스의 파르테논 신전을 본떠 만
들었다. 브란덴부르크 문 바로 옆에 홀
로코스트 기념관이 있지만, 가이드의 설
명도 없고, 버스 속에서 보는 것으로 만
족해야 한다. 2차대전 시에 죽어간 유대

전승기념탑

인에 대한 죄사함으로 독일은 이 광장을 마련했다. 독일인의 자세에 박
수를 보내며 일본의 정중한 사과를 기대해 본다.

베를린장벽

버스로 조금 이동하여 베를린 장벽으
로 향한다. 2차 대전 후 1949년~1961년
까지 250만에 달하는 동독의 기술자와
지식인들이 서독행을 감행했다. 이에 동
독에서는 서베를린으로 통하는 모든 것
을 봉쇄하기 위해 베를린 장벽을 설치했
고, 이 베를린 장벽은 오랫동안 동서 냉전
의 상징물이 되었다. 1989년 동유럽의 민
주화로 동독의 강경 보수 지도부가 해체
되면서 베를린 장벽의 문은 활짝 열리게 된다.

독일=히틀러, 나치가 공식처럼 떠오르기도 하지만, 라인강을 보니
2,000년 전 카이사르와 게르만의 전투가 눈에 선하다. 로마는 뗏목다
리를 놓아 공격과 후퇴를 반복하다가 게르만의 공격을 버텨내지 못하
고 라인강을 중심으로 국경을 정하게 된다.

# .2.

# 유대인들의 아픔이 있는
# 아우슈비츠 수용소 – 폴란드

"마리아 스클로도프스카!" 독일군에 대해 현명하게 대답해준 마리아를 선생님은 고마운 마음을 담아 부른다.

중학교 2학년 국어 교과서 〈폴란드 소녀의 울음〉에 나오는 퀴리 부인의 이야기다. 폴란드는 그렇게 내게 다가왔다. 어렸을 때는 퀴리 부인을 통해서. 조금 자라서는 아우슈비츠 수용소와 민주화의 상징 바웬사를 통해서. 그리고 국어 시간에 다시 퀴리 부인을 통해서 폴란드를 얘기한다. 이렇게도 처절하게 가련한 나라에 가봐야 한다는 의무감이 생겼다.

여행 3일 차. 폴란드에 도착. **폴란드**는 10세기에 국가가 성립되고, 러시아와 독일의 지배를 번갈아 받게 된다. 1990년 바웬사에 의해 민주주의 체제로 들어섰으나, 빈부격차의 심화로 1993년 사회민주주의로 돌아간다. 국민의 90%가 가톨릭이다. 폴란드! 산지가 많은 우리나라와는 다르게 국토의 80%가 평야다.

예전부터 유대인 포로수용소가 독일에 있지 않고 왜 폴란드에 있는지 몹시 궁금했다. 이유는 예수가 십자가에 못 박힌 후, 유대인들은 디아스포라(떠돌이)가 되어 뿔뿔이 흩어졌고, 중세에 페스트 병이 번지자,

아우슈비츠 수용소

폴란드는 유화정책을 써서 유대인 80%를 받아들인다. 독일은 유대인이 가장 많은 이곳에 포로수용소를 설치했다.

**아우슈비츠 수용소**의 전면이 보이자 가슴이 먹먹해진다. 죽어간 이들을 추모하듯 보슬비가 내린다. 눈앞에 펼쳐진 수용소의 규모에 놀라고, 유대인들과 패전국의 포로들을 실어날랐다는 기차역과 한없이 긴 기차선로에서는 한기를 느낀다. 죽어간 사람들의 안경은 머리카락처럼 쌓여 있고, 각양각색의 신발들도 나뒹굴고 있다. 독일이 파괴하고 간 생체실험 건물의 흔적도 그대로 남아 있다.

탐방객 중에 군복을 입은 이스라엘 군인들의 모습이 보인다. 600만 명의 유대인의 학살이 이루어진 이곳에서 그들의 마음은 어떨까? 하나, 지금은 팔레스타인인들을 괴롭히는 그들을(유대인) 우리

수용소를 관람하는 이스라엘 군인

는 또 어떤 시각으로 바라보아야 할까? 역사는 아이러니다.

소금 광산

비엘리치카에 있는 소금광산으로 향
한다. 공주의 금반지를 찾기 위해, 채굴
했던 곳. 그곳에 **소금광산**이 있어 폴란
드를 먹여 살렸다는 전설이 있는 곳. 지
하 몇 미터까지 내려가서 나는 눈을 의

소금 광산 예수님 조각

심하지 않을 수 없다. 이런 별천지가 있나. 조그만 국가 하나가 그 안
에 존재하고 있었다. 소금을 실어 올렸던 말들, 그들이 쓰던 물줄기. 인
간의 힘은 도대체 어디까지일까? 더 놀란 것은 그 깊은 곳에 큰 광장이
있고, 소금으로 만든 성당! 성당이 있다. 예수님의 최후의 만찬이 부조
로 있고, 콜럼버스를 기리는 소금 조각상이 있다.

다음은 우리의 경주에 해당하는 **크라쿠프의 중앙광장**이다. 크라
쿠프는 17세기 바르샤바로 수도를 옮기기 전까지 폴란드 왕국의 수도

였다고 한다. 성모마리아 성당과 국민
시인 아담 미츠키에비치 동상, 구시청
사 시계탑 등이 유럽에 왔음을 실감
나게 한다.

  광장의 풋풋한 젊은이들의 생동감으
로 여행자의 기분은 들뜬다. 성모마리
아 성당의 두 개의 첨탑은 높이가 다르
다. 하느님의 사랑을 많이 받으려는 두

크라쿠프 중앙광장과 동상

형제가 서로 높이 세우려다 칼싸움으로까지 번졌다는 슬픈 이야기가
있다.

                              중앙광장 바로 옆에 바벨 성이 있
                            다. 그 앞에 사람을 잡아먹는 용의
                            동굴이 있었단다. 왕자가 양의 몸
                            속에 화약을 넣어 동굴 안에 놓자,
                            용이 양을 먹다가 불에 타 죽었다
바벨성      는 전설이 있는 **바벨 성**도 고풍스
러움의 극치라고 하는데 멀리서 보는 것으로 대신한다.

  이 나라에 오기 전에 가졌던 가련함이 시샘으로 변해 버리는 순간이
다. 헝가리 가는 길목에 동유럽의 알프스라 불리는 슬로바키아와 폴란
드의 국경에 있는 자코파네에 잠깐 들른다.

# .3.

# 다뉴브강의 야경 - 헝가리

　헝가리 또한 김춘수의 〈부다페스트 소녀의 죽음〉을 통해 슬프고도 어둡게 각인된 나라였다. 소련 공산당에 무자비하게 살해되는 소녀의 모습을 그린 시(詩)다. 죽어간 소녀는 어떻게 무시무시한 소련에 대항했을까? 절대 항거할 수 없었을 텐데. 그냥 지나가는 행인이었을 텐데… 음악을 좋아하는 사람들은 〈헝가리 무곡〉 등 즐거운 기억을 안고 출발하겠지만, 내 뇌리엔 왜 이리 슬픈 시가 먼저 앉았을까 타박하며, 부다페스트로 향한다.

　영웅광장에 도착. 건국 1,000년을 기념하여 조국의 영웅들을 위해 만들어진 광장이다. 영웅들의 늠름함과 젊은이들의 웃음소리로 광장은 이미 푸르름으로 넘친다. 젊은이들은 춤을 추고, 신혼부부는 웨딩 촬영을 하고 있다. 춤추고 노래하는 젊음이 헝가리를 슬픔의 나라에서 밝음의 나라로 내 뇌리를 쇄신시키기에 충분했다.

영웅광장

얼마나 기다리고 기다렸던가! 부다페스트의 밤을! **다뉴브강의 야경**을! 파리에 다녀온 동행은 센강의 야경에 비하면 초라하다 하지만, 시원한 날씨와 동행자들의 호흡과 주변 배경 모두가 즐거움이다. 유람선에서 보는 부다 왕궁과 국회의사당과 세체니 다리 또한 낮에 볼 때와는 사뭇 다르게 화려하다.

가장 아름다운 다리로 손꼽히는 **세체니 다리**는 세체니 이슈트반(성이슈트반)의 이름에서 따왔으며, 1849년에 개통되었단다. 부다(부촌) 지역과 페스트(빈촌) 지역을 이어주는 다리인데 페스트 병과 아무 관련이 없다. 세체니 이슈트반은 합스부르크의 지배에서 벗어나기 위해 헝가리인을 응집시키려고 노력한 성인이라고 한다.

55

겔레르트 언덕에서

25일, 아침을 먹고, 부다페스트 전망을 보러 **겔레르트 언덕**으로 향한다. 겔레르트 언덕. 여기는 추모공원으로 보면 될 것 같다. 선교사인 겔레르트와 제2차 세계대전 시 죽어간 군인들을 추모하는 곳이다. 그런데 이곳은 헝가리의 아픈 역사가 담겨 있는 장소인 동시에 야경 깡패라고 불리는 곳이란다. 이곳에서 내려다보는 야경은 여느 야경과는 비교할 수 없다고. 애석하게 우리는 낮에 왔다.

겔레르트는 11세기 초에 이탈리아에서 온 선교사인데, 우리나라로 표현하자면 사람들이 야수귀신이라고 도나우(다뉴브)강에 생매장시켰다고 보면 될 것 같다. 이 전도사를 기리는 언덕이다. 언덕을 오르는 길은 총탄구멍으로 이어진 성벽이다. 제2차 세계대전의 피해를 고스란히 보여준다. 제2차 세계대전 시에 이 겔레르트 언덕은 독일군이 점령하여 최후의 보루로 버텨오던 곳인데, 소련군에 의해 함락되면서 독일은 부다페스트를 포기하고 후퇴한다.

헝가리는 지정학적인 위치로 많은 나라의 침략을 받는다. BC 1세기에 로마의 속국이 되고, 10세기에 왕국을 수립하나 16세기에 오스만 제국의 아래에 놓인다. 19세기에는 오스트리아-헝가리 연합국이 되어 제1차 세계대전을 치른다.

요새에 오르니 월계수 잎을 들고 있는 여신상이 있다. 1945년 헝가리를 나치로부터 해방시키기 위해 죽어간 군인들을 추모하기 위해 세워진 자유의 여신상이다. 제2차 세계대전 후에 헝가리는 우리나라와 마찬가지로 공산주의와 민주주의로 양분되지만, 소련의 도움을 받은 헝가리는 인민공화국을 선포한다. 자유가 억압되자 국민들은 인민정부에 불만

여신상

을 드러내고, 1956년에 대학생들은 독재에 항거하는 시위를 벌인다. 스탈린의 동상을 무너뜨리고 스탈린의 얼굴이 길거리에 뒹굴게 된다. 이에 대규모 소련군이 헝가리 국경을 쳐들어오고 헝가리는 다시 소련의 영향력 아래에 들어간다. 1989년에 소련이 멸망하며, 헝가리도 민주공화국이 된다.

그런데 20세기 초까지 이곳은 매춘가와 도박장이 밀집되어 있던 장소였다니 바로 옆에 있는 부다 왕궁과 군인들의 추모상과 정반대의 이미지라서 허허하다.

어부의 요새

유네스코 문화유산인 어부의 요새로 출발한다. 일곱 개의 돌탑으로 이어진 **어부의 요새**는 동화의 나라다. 디즈니랜드에 입장하는 것 같아 순간 나는 어린아이가 된다. 19세기 말에 지어진 건물로 도나우(다뉴브)강과 페스트 지역이 한눈에 내려다보이는 회랑 형식의 건물이다. 7개의 고깔 모양의 탑은 헝가리에 처음 정착한 마자르족의 7개 부족을 상징한다. 왕궁을 지키는 시민군들이 대부분 어부들이라서 어부의 요새로 불렸단다.

요새 안쪽에는 헝가리 역대 왕들의 대관식이 거행되었다는 마차시 성당이 있다. 1470년 마차시 왕에 의해 지어진 성당인데, 16세기에 터키에 점령당하면서 모스크로 변했다가 17세기에 다시 가톨릭 교회로 돌아왔다고 한다.

마사치 성당

이병헌이 피를 흘리고 도망치는 드라마〈아이리스〉의 현장인 **부다 왕궁**을 보는 것도 색다른 재미다. 마침 군인들의 행군까지 볼 수 있는 행운을 누렸다.

부다 왕궁의 군인행군

부다 왕궁

시내로 나와서 세체니 다리로 유명한 성 이슈트반 성당에 간다. 세체니 이슈트반을 기리기 위해 1851년부터 50년 동안 건축한 성당이다. 헝가리를 떠나며… 가여움으로 기억된 나라들이 부러움의 대상으로 변하는 순간은 시샘이 아니라 행복이다.

# 때깔이 다른 - 오스트리아

모차르트의 나라 **오스트리아!** 정말 때깔이 다르다. 길가의 돌멩이 나무 잎사귀조차 때깔이 다르다. 역시 국민 소득 5만 달러가 넘는 나라는 다르다. 스위스에 가보지 않았지만, 헝가리 국경을 넘는 순간 '여긴 스위스다'라고 느낀다. 잘 다듬어진 초원! 이쁘다는 말이 저절로 나온다.

7월 25일 오후, 헝가리에서 오스트리아로 넘어와 음악의 도시 비엔나(빈)에 도착. **비엔나**(빈)에서 가장 유명한 레스토랑이라고 가이드가 한껏 고조되어 말한다. 하프 연주자의 연주를 들으며, 소시

레스토랑 'AUSG'STECKT'

지 같은 음식을 먹는다. 호이리게가 음식 이름인 줄 알았더니 그 해에 생산된 포도로 먹는 와인이란다. 그러니까 이 집은 와인이 주메뉴이고, 고기류는 나 같이 술을 못하는 사람들이 먹는 건가 보다. 맛은? 없다. 하프 연주자의 연주를 들으니 팁은 당연히 주어야겠지. 아리랑도 연주하고, 우리나라 가요를 연주하며 분위기를 돋운다. 참 좋다.

# .4.

# 마리 앙투아네트의 쇤브룬 궁전 - 오스트리아

26일 아침, 제일 먼저 마주한 **성 슈 테판 대성당.** 12세기에 세워진 오스 트리아 최고의 고딕 양식. 카메라 한 컷으로는 담을 수 없는 웅대한 규모와 외벽에서 성당의 역사를 짐작한다. 동 행이 "고색창연하군." 한 마디를 던진

성슈테판성당 내부

다. 너무도 적절한 표현이라며 나는 맞장구를 친다. 이른 아침 시간인 데도 많은 사람들이 붐비고, 마차들은 손님을 기다리고 있다. 벨베데 레 궁전을 가는 길에 오페라 하우스가 있다. 오스트리아에 왔다면 당 연히 들러야 할 오페라 하우스.

구스타프 클림트의 〈키스〉를 소장한 **벨베데레 궁전**으로 간다. 황 금빛 화가로 불리며 20세기 최고의 화가인 클림트는 금세공사인 아 버지의 영향으로 황금과 화려한 색채를 써서 관능적인 여인들을 많 이 그렸다. 센스있는 가이드는 버스 안에서 최근에 나온 〈우먼 인 골드

(2015.7.)〉라는 영화를 보여준다. 영화의 내용을 살펴보자. 주인공인 아델레는 구스타프 클림트(1862-1918)의 모델이다. 아델레는 오스트리아에 살던 팜므파탈 유대인으로 제2차 세계대전 시 사망했다.

벨베데레 궁전

그녀는 죽어가며 조카에게 재산을 지켜달라 유언했는데, 조카도 오스트리아에 살기 어려워 미국으로 망명한다. 나치는 주인이 없는 아델레의 그림을 국가 재산으로 환수한다.

최근에 아델레의 조카는 한화 1,500억인 그림의 소유권을 찾았지만 벨베데레 궁전에 계속 전시하기로 했다는 내용이다. 클림트의 〈키스〉와 〈초상화〉의 여자 얼굴이 동일 인물로 보인다. 자세히 보세요. 영화도 보세요.

발길을 돌려 합스부르크 왕가의 중심지이며 마리아테레지아의 여름 궁전으로 쓰인 쇤브룬 궁전으로 향한다. 오스트리아의 뜻은 유럽의 동쪽이란 의미가 있다고 한다. 그래서 콧대 높은 유럽인들은 오스트리아까지만 유럽에 끼워주겠다는 생각이었던가 보다.

중학교 3학년 때인가? 만화 〈베르사유의 장미〉가 인기였다. 친구가 그린 오스칼 그림과 샤프 연필을 교환했던 일이 있었다. 만화를 통해 알게 된 마리 앙투아네트는 엄청나게 이쁠 거라 생각했는데 그녀는 주걱턱이었다고 한다. 이상한 외모가 탄생한 것은 근친혼을 시켰기 때문이다. 1차 세계대전의 패망 전까지 합스부르크 왕가의 중심지는 **쇤브**

쉔브른궁전

룬 궁전이었다. 1,400실이 넘는 방 중에 현재 39실만 공개하고 있는데 모차르트가 10살 정도 연상인 마리 앙투아네트에게 구혼했다던 거울의 방은 화려함 그 자체다. 황금으로 만들어진 침실! 눈을 어디다 두어야 할지 모르게 호화롭다. 모차르트와 마리 앙투아네트를 만나며 오늘도 중세 시대의 한복판에 있음을 깜짝깜짝 실감하고 있다.

# 요정의 나라 - 크로아티아

다시 국경을 넘는다. 크로아티아. 7월 26일 오후, 드디어 발칸이다. 발칸은 '푸른 산의 나라'라는 의미가 있다고 한다. 높은 산이 아니라 낮은 구릉에 나무가 많아 그냥 마음이 평안해지는 자연 그대로의 나라다. 공산권 시절 유고슬라비아로 묶여있던 가장 윗동네에 속하는 **크로아티아의 수도 자그레브로 향하여 출발!**

TV 프로그램 〈꽃보다 누나〉를 통해 한층 우리와 가까워진 **성 슈테판 성당**은 높이가 가히 100m가 넘는다고 한다. 고딕 양식의 대표라 할 수 있으며, 성당에 국보급 유물이 많아 크로아티아의 보물로 불린다고. 성당 마당에도 고딕 양식의 마리아 금탑이 높이 솟아 있다. 탤런트 김자옥과 김희애가 기도하며 눈

크로아티아 성 슈테판 성당

물 흘린 이 대성당에서 나도 기도하고 싶었지만, 줄 밖에 서서 간단히 기도하는 것으로 만족해야 했다.

자그레브 성 슈테판 대성당 바로 옆길로는 화려한 컬러 타일로 문양(자그레브와 크로아티아)을 새긴 조그맣고 아담한 **성 마르크 성당**이 있고, 바로 앞에는 1866년 오스트리아 헝가리 연합군을 물리친 반 옐라치치 장군의 동상이 있는 **반 젤라치크**(옐라치치) **광장**이 있다.

성마르크 성당

반 젤라치크 광장

라스토케 마을

국립공원 플리트비체에 가는 길에 또 하나의 동화의 나라가 있다. 〈꽃보다 누나〉를 통해 눈으로 만나 보았던 **라스토케**. 전체 20여 가구로 이루어진 아주 작은 동네인데, 조용하고 깔끔하고 아기자기해서 누구에게나 사랑받을 마을이다. 이 마을 사람들은 모두가 평화와 행복은 이미 보장된 것으로 보인다. 자연과의 동화가 무엇인지를 보여주는 아름다운 곳이다.

요정의 나라는 어떻게 생겼을까? 맞다. 요정의 나라다. 〈꽃보다 누나〉를 통해서 눈이 휘둥그레지게 했던 **플리트비체**는. 16개의 호수와 계곡이 아름다운 국립공원. 플리트비체에 들어서는 순간 나무 사이사이로 비치는 조그만 호수들의 속삭임에 환호성이 질러진다. 규모는 어마

플리트비체

어마하지만, 호수가 아기자기하고 예뻐서 어디선가 바로 요정이 튀어나올 것만 같다. 카메라가 가는 곳은 모두가 엽서가 된다. 동행은 호수의 색깔은 중국의 구채구가 더 진하고 예쁘지만, 규모나 아름다움은 여기가 압도적이란다.

아쉬운 점은 크로아티아의 꽃인 두브로브니크와 스플리트에 가지 못함이다. 스플리치는 크로아티아 태생인 디오클레티아누스 로마 황제(4세기)가 은퇴하고 사망 때까지 머물렀던 곳. 디오클레티아누스는 업적도 컸지만, 시골 출신이라고 원로원에서 무시를 받던 황제였다.

# .5.

# 경이로운 포스토이나 동굴과
# 중세의 블레드 성 – 슬로베니아

오늘은 이탈리아와 경계를 이루는 작은 나라 슬로베니아. 수도는 류블랴나이며 유고연방이었다가 1991년 크로아티아와 같이 독립했다. 공산국가였다는 사실을 눈치도 챌 수 없을 정도로 자유로운 분위기. 포스토이나로 향한다.

영국의 조각가 헨리 무어가 가장 경이적인 자연 미술관이라 격찬했다는 포스토이나 종유 동굴. 7월 28일 이른 아침 샹들리에처럼 매달린 종유석을 머리에 이고 동굴 기차를 타고 종유 동굴 안으로 향한다. 15년 전에 중국

포스토이나 동굴

의 황룡 굴에서 받았던 느낌이 너무 커서 처음에는 감동의 깊이를 가늠할 수 없었지만, 갈수록 화려하고 웅장한 분위기(세계에서 두 번째로 긴 동굴로 20㎞ 정도)에 압도당한다.

석회암 동굴의 천장에서 생긴 물이 떨어지면서 이산화탄소가 증발하는 순간 굳어진 것이 종유석이 된다고. 신기한 종유석의 생성 과정이 궁금했는데 동행한 과학 선생님의 설명이다. 아하. 그렇군!

포스토이나 동굴속 종유석

종유 동굴을 나와 슬로베니아의 진주로 일컬어지는 블레드로 간다. 1004년 브릭센 대주교가 독일 황제 헨리크 2세에게 이 지역을 하사받은 후 짓기 시작해 18세기에 지금의 모습을 갖추었다고. 천 년의 역사를 자랑하는 **블레드** 성은 유고슬라비아 황실의 여름 별장으로 사용되었으며, 김일성도 블레드 성에 반해서 2주나 머물다 갔다고 한다. 김일성도 반할 만큼 아담하고 예쁜 중세풍의 성이다.

블레드 성

블레드 호수에서 25살 총각이 노 젓는 조각배를 타고 **성모 승천 교회**로 향한다. 블레드 호수는 빙하의 침식으로 생성되어서인지 바닥이 훤히 보일 정도로 투명한 옥색의 물결이다. 이렇게도 맑을 수도 있냐고 일행들은 감탄하며 두 손 가득 호숫물을 움켜쥔다. 돌길을 따라 올라가서 바라보는 **블레드 호수**, 블레드 성은 한 폭의 그림이다. 성모 승천 교회 안에는

성모 승천 교회

황금 제단에 마리아가 앉아있고, 교회 안에서 종을 울리면 행운이 이루어진다는데 입장은 다음 기회로 미룬다. 내가 정말 지구 반대편에 온 게 맞다는 걸 실감하며 격하게 감동 받는 순간이다.

# .6.

# 모차르트의 고장 잘츠부르크 - 오스트리아

입에서는 도레미송이 절로 나오고, 눈에서는 모차르트가 절로 보이는 오스트리아의 아름다운 도시, 잘츠부르크에 도착. 도시의 이정표 역할을 하는 호엔잘츠부르크 성은 조망으로 끝내기.

미라벨 정원

미라벨 정원과 분수

〈사운드 오브 뮤직〉에서 가장 큰 배경이 된 대주교의 첩이 살았다던 **미라벨 정원**. 그곳으로 간다. 정원의 계단을 보니 반갑다. 그래서 우리도 계단에 서서 가위바위보를 해본다. 분수도 영화에서처럼 그대로 있다. 페가수스 동상이 분수 가운데에 자리하고 아이들과 선생님이 동상 주변을 돌며

부르던 도레미송이 눈에 아른거린다.

구시가지와 예쁜 쇼핑 거리로 유명한 **게트라이데**는 즐기면서 걷기. 게트라이데 거리의 상호는 상징물로 표기되어 있는 것이 예쁘면서 독특했는데, 문맹인들을 위한 배려란다. 그렇군. 거리를 더 돋보이게 하는 효과가 있군.

게트라이더 거리

모차르트 동상

레지던츠 광장

시내 어느 곳에서든 만날 수 있는 모차르트. 그의 생가, 그의 광장에서는 그의 숨결을 느낀다. 〈사운드 오브 뮤직〉의 배경이 되었던 **레지덴츠 광장**으로 이동하는 길에서 만나는 조그만 개울가, 다리 위의 사랑의 열쇠 등은 나그네를 들뜨게 한다. 레지덴츠 광장에 도착하니 멋진 성당이 있고, 여성처럼 생긴 모차르트의 동상이 있다. 해마다 여기에서 모차르트 음악회가 열린다고. 음악회에 참여하고 싶은 굴뚝 같은 마음이 온몸을 간지럽힌다.

모차르트의 생가는 1756년 음악의 신동이 태어난 곳. 노란색의 예쁜 외관이 눈에 들어온다. 현재는 모차르트가 어릴 때 사용하던 악기와 소품을 전시하는 박물관으로 쓰인다고 한다. 어릴 적에 영화를 볼 때, 독일과 오스트리아가 한 편이었는데 왜 영화에서 장교가 도망을 가야 하는지 궁금했다. 같은 편이라고 사상이 항상 같

모차르트 생가

은 건 아니라는 것을 깨닫지 못한 어린 시절이었다.

이젠 〈사운드 오브 뮤직〉의 소풍지인 알프스 산의 호수마을 **잘츠카머구트**로 간다. 잘츠부르크는 소금 왕궁이라는 뜻이란다. 잘츠(소금) 카머구트(창고). 볼프강의 아름다운 전망을 보러 영화의 촬영지였던 츠뷜퍼호른산에 케이블카를 타고 오른다. 산 위에서 본 볼프강의 풍경에 환호성을 지르고, 온몸 구석구석에 담아온다.

모차르트 엄마의 고향인 볼프강 호수 근처의 길겐 마을! 여기에서 모차르트의 어머니가 태어나고 그

할슈타트

의 누나들도 살았다고. 모차르트의 이름은 엄마의 고향에서도 가져왔군. 잘츠카머구트의 진주 **할슈타트**로 향한다. 여행가들이 가장 아름다운 도시의 하나로 꼽는 할슈타트! 빙하의 침식으로 이루어진 호수와 마을의 전경은 인간이 흉내 낼 수 없는 걸작이었지만, 너무 상업화가 되어버린 것 같아 아쉬워하며 우리의 마지막 여행지 체코로 떠난다.

케이블카에서 본 츠뵐퍼호른산

# 중세의 성 체스키크룸로프 – 체코

체스키크룸로프 전경

7월 29일 오후, 체코로 향한다. 중세와 르네상스 건축을 잘 보존하고 있는 체스키크룸로프다. 도시 전체가 세계문화유산인 이곳은 블타바 (몰다우)강이 체코(체스키)를 말발굽 모양(크룸로프)으로 흐르고 있다 해서 지어진 지명이란다. 오를 때는 중세 분위기의 마법의 성. 성에서 바라보는 풍광은 아름다운 동화 속의 마을. 세상을 사랑하게 만드는 재주를 부리는 체스키크룸로프다.

체스키크롬로프 전경

# .7.

## 밀란 쿤데라가 손짓한 프라하와
## 보헤미아의 휴양지 카를로비 바리 - 체코

〈참을 수 없는 존재의 가벼움〉의 아주 못생긴 밀란 쿤데라! 니체의 영원회귀를 글의 화두로 삼고 있는 작가의 의도는 무엇일까? 세상 만물은 결국 제자리로 돌아오게 되어 있는데, 영원회귀를 인지하지 않고 가볍게 살고 있는 사람들의 속성을 간파한 책이라고 보아야 할까?

2012년 선생님들과 머리를 맞대고 밀란 쿤데라보다 더 고뇌하며 심도 있게 토론한 책. 1968년 둡체크가 체코슬로바키아의 당서기가 되어 민주화 운동을 추진하는 과정. 시대 상황을 들여다볼 수 있는 절대 가볍지 않은 책. 나를 혼란에 빠뜨린 철학서 같은 책. 삶의 가벼움과 무거움의 선택에 대한 소설, 이었다.

우리의 마지막 여정. 프라하! 여행자들이 말하는 가장 아름다운 곳. 얼마나 아름다운지 확인하고 싶기도 했지만, 나에게는 밀란 쿤데라가 먼저 손짓했다. 밀란 쿤데라의 소설을 영화화한 것이 〈프라하의 봄〉.

10·26사태 이후 5·18 광주민주화운동까지를 우리는 〈서울의 봄〉이라 부르는데 프라하의 봄과 민주를 염원하는 건 같겠지. 조국을 사랑

하는 마음이야 어디든 다르랴마는 유독 체코는 애국자가 많은 것 같다. 〈나의 조국〉을 작곡한 스메타나. 〈신세계 교향곡〉의 드보르자크. 〈변신〉을 쓴 카프카 등. 밀란 쿤데라는 〈프라하의 봄〉 시절에 프랑스로 이민을 가서 현재 프라하에서의 영향력은 약해 보인다.

체코에서 카프카를 빼면 이야기가 되지 않겠지. 〈변신〉의 작가 카프카가 체코 출신이다. 카프카의 삶과 〈변신〉에 대해 고뇌하며 대학의 교정을 누비고 다녔던 아름다운 시절이 나에게도 있었다.

7월 30일 아침, 프라하다. 프라하의 봄으로 알려진 바츨라프 광장은 버스에서 보는 것으로 만족한다. **옛 시가지 광장**으로 간다. 시대별 건축물이 광장을 에워싸고 있다. 광장 왼쪽

시대별 건축

에는 첨탑이 예쁜 틴 성당이 있다.

그리고 오른쪽엔 그 유명한 구시청사의 시계탑이 있다. 매시 정각에 예수의 열두 제자가 등장했다 사라지며 종소리를 울리는데 1분이면 끝난다. 우리는 뚫고 들어가서 한가운데서 두 번씩이나 정확하게 보았다. 왔노라! 보았노라! 이겼노라!

옛 시가지 광장

광장 중앙에는 마르틴 루터보다 100년 앞서 종교개혁을 외친 얀 후스(15세기) 동상이 있다. 가톨릭의 타락을 알리다 화형에 처해지자, 사람들은 그의 사상을 받아

카를교

틴성당

들여 보헤미안 공동체를 만들었다. 마르틴 루터 등 종교 개혁가에 많은 영향을 끼쳤고, 지금도 모라비아 교회라는 명칭으로 명맥을 이어나가고 있다. 동상은 얀 후스의 사망 500주년을 맞아 옛 시가지 광장에 1915년에 건립했다.

　보헤미아 왕국의 수도로 천 년의 역사를 지닌 프라하! 도시 전체가 유네스코 세계문화유산이다. 프라하는 북쪽의 로마라는 별칭으로도 불린다. 2차 세계대전 중 폴란드는 95% 이상이 파괴되었지만, 프라하는 온전히 중세의 웅장함과 섬세함을 지켜 냈다. 1968년 프라하의 봄이 실패로 끝난 것도 소련의 무자비한 폭격에 프라하를 지켜야 한다는 생각에 둡체크가 항복했기 때문이란다.

프라하 성

　트램에 탑승하여 **프라하 성**으로 간다. 광장에는 정말 다양한 사람들이 많이 있다. 자유로운 영혼의 소유자로 보인다. 당연히 보헤미안이 많겠지. 보헤미안! 하면 우리는 방랑자, 집시 등을 생각한다. 맞다.

15세기 즈음에 이 지방에 집시들이 몰려와 살았다. 그래서 유럽에서는 각지를 떠도는 방랑자들을 보면 당연히 집시가 많은 보헤미아를 생각했고, 자연스럽게 집시=보헤미안으로 굳어진 것 같다.

현재 대통령궁으로 쓰이는 프라하 성은 9세기 말부터 카를 4세 때까지 지은 거대한 성인데 공사 중이라 입장 불가. 오스트리아 제국 시절에 설치한 정문을 그대로 보전하는 이유는 짓밟힌 역사에 대해 국민들이 인식해야 한다는 취지에서라고 한다.

하이라이트인 **성 비투스 대성당**은 925년부터 1천 년에 걸쳐 완성한 고딕(높이높이)양식으로 124m. 창마다 스테인드글라스에 그려진 그림은 당시에 문맹자를 위해 성경 내용을 그림으로 표현했다고. 알폰스 무하가 그린 한 칸의 그림은 색깔이 퇴색하고 있어, 곧 복제품으로 교체할 거라고 한다. 교체하기 전에 어서 찍어놓아야지. 성당 안쪽에는 얀 네포무츠키의 무덤이 있다는데 너무 멀어서 네포무츠키의 무덤을 볼 수가 없다.

알폰스 무하의 그림

카를 교의 초석

얼마나 와보고 싶었던가? **카를 교를.** 벅찬 가슴으로 왕의 거리를 지나 카를 교에 도착한다. 초입에 체코 출신으로 신성 로마 제국의 황제가 된 카를 4세가 버티고 있고, 초석에 135797531이라는 숫자가 쓰여 있다. 양의 기운이 있는 1357년 9월 7일 5시 31분에 첫 삽을 떴다는 의미다.

체코에서 카를 4세는 우리의 세종대왕급. 카를 교에 들어선다. 동구권에서 가장 오래된 보행자 전용 다리다. 보헤미안 기질을 발휘하는 악사들의 음악에 엉덩이가 절로 들썩인다. 앞에서는 프라하 성이 아름다움을 뽐내고,

카를 4세

다리 양옆으로는 30개의 성인상이 이어지는데 대주교였던 얀 네포무츠키상이 단연 으뜸이다. 카를 4세의 아들에게는 예쁜 황후가 있었는데 그녀는 날마다 네포무츠키 주교에게 고해성사를 했단다.

얀 네포무크상

주교는 황제에게 말하지 않고 자기가 기르던 개에게 고백한다. 화가 난 황제가 네포무츠키를 카를 교의 블타바강에 수장시킨다. 다음날 블타바강에 다섯 개의 별이 반짝이는데 이곳에 네포무츠키의 시체가 있었다. 카를 교에서는 얀 네포무츠키상이 가장 인기 있고, 동상 발치 아래 개의 부조는 많은 사람이 소원을 빌면서 만져 반짝반짝 빛이 난다.

카를로비 바리

여행 마지막 날 아침(7월 31일) 보헤미아의 아름다운 휴양도시 **카를로비 바리**로 간다. 세종대왕이 온천물로 눈병을 치료한 것처럼 카를 4세의 병을 고친 온천수를 자랑하는 지역이다. 지하 2,500m의 온천수가 12m까지 치솟는 간헐 온천에서 시음을 해 본다.

카를로비 온천수

프라하 공항에 도착하는 순간 스메타나의 〈나의 조국〉이나 드보르
자크의 〈신세계 교향곡〉이 흘러나오길 바랐지만 그것까진 무리였나 보
다. 많이 배우고 확인한 행복한 여행이었다. 뿌듯한 여흥이 사라질까
봐 비행기 의자 깊숙이 몸을 누인다.

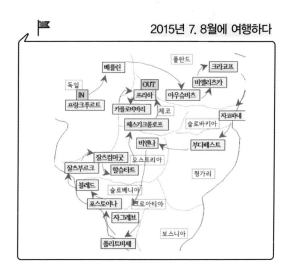

2015년 7. 8월에 여행하다

# chapter 3

7

스페인

포르투갈

모로코

사그라다 파밀리아 성당

# 눈부신 태양의 나라. 이베리아반도
# 가슴 뛰는 아프리카 입성. 모로코

사그라다 파밀리아 성당 내부

# .1.

## 스페인의 보물 프라도 미술관이 있는 마드리드

이베리아반도의 눈부신 태양 여행! 뫼르소가 알제리인을 살해한 이유는 눈부신 태양 때문이었다고 까뮈는 〈이방인〉에서 말한다. 이해하기도 힘들고, 오묘한 소설이었다. 그래. 지중해의 태양은 뭔가 특별한지 가서 한번 확인해야겠다. 그래서 출발한다. 이번에도 딸은 직장 일로 함께하지 못하고, 아들, 남편과 셋만의 가족 여행이다. 새벽 5시에 전주에서 출발. 12시 비행기로 이스탄불을 거쳐 스페인의 수도 마드리드에 도착.

25일, 우리의 첫 번째 여정. 〈돈 키호테〉의 작가 세르반테스의 기념비가 있는 마드리드 **스페인 광장**에서 시작된다. 빌딩들로 둘러싸인 스페인 광장은 작고 초라해 보이는데 세르반테스 기념비만은 굉장히 웅대하다. 기념비 맨 위에는 지구본이 올려져 있다.

탑의 중앙에는 세르반테스가 앉아 있고, 그 앞에 〈돈 키호테〉의 두 주인공이 있다. 로시난테를 타고 있는 돈 키호테와 당나귀를 타고 있는 산초 판사의 청동상이다. 반대쪽에는 스페인 통일 왕국을 만든 이사벨

스페인 광장

여왕(1451~1504. 콜럼버스와 나이가 같지만, 2년 먼저 사망) 동상이 있다. 왼
손에 책을 들고 있는 이사벨은 콜럼버스로 하여금 아메리카 대륙을 탐
험하게 하여 스페인을 부국으로 만든 국왕이기도 하다.

이제는 서유럽에서 가장 크고, 아름다운 **마드리드 궁전**이다. 원래는 합스부르크 왕가의 궁전이었으나 1734년 크리스마스날 밤에 화재로 소실되자 펠리페 5세가 베르

마드리드 궁전

사유를 닮은 궁전을 지어 펠리페 4세의 업적을 기렸다고 한다. 현재 왕
은 기거하지 않고, 국가 행사가 있을 때만 사용하는 왕실 공식 관저로
노무현 대통령이 방문하기도 하였다. 베르사유 궁전의 거울의 방을 모

방해서 만든 옥좌의 방이 있다는데 우리 패키지에는 기회가 없다.

면세점 앞은 예술의 거리이며, **벨라스케스 거리**다. 초상화 전문 궁중 화가인 디에고 벨라스케스(17세기)의 묘지가 있던 곳인데, 이장 후 여기에 탑을 조성하였다. 여기가 산티아고로 가는 출발점이다.

벨라스케스 거리

바르셀로나와 앙숙인 레알 마드리드 축구단을 통해 먼저 알게 된 마드리드. 스페인의 수도는 마드리드인데 스페인 수입의 대부분은 바르셀로나에서 벌어들이는 상황인지라 두 축구단의 응원팀은 전쟁을 불사한다고 한다.

마요르 광장

전통적인 스페인 모습을 볼 수 있는 마드리드 **마요르 광장**이다. 4면 모두 4층 건축물로 구성되어 있고 아래층에는 주랑이 있다. 이곳에서 국왕의 취임식, 종교의식, 투우, 교수형까지 이루어졌다 한다.

중앙에는 펠리페 3세의 청동 기마상이 있다. 펠리페 3세는 수도를 톨레도에서 마드리드로 옮겨온 뒤 이곳에 바로크 양식의 이 광장을 만들었다. 청동 쉼터에는 종교 재판 과정이 새겨져 있다. 스페인 햇살은 정말 뜨겁고 따갑다. 40도가 넘는 날씨인지라 걱정했지만, 습도가 없어

땀이 나지 않으니 그나마 다행이다. 그늘만 들어가면 시원해지는 지중해의 날씨! 온몸으로 느낀다.

드디어 세계 3대 미술관의 하나인 **프라도 미술관**이다. 고야의 동상과 마주 보고 있다. 세계에서 회화를 가장 많이 소장한 미술관으로 유명하고, 미술관장이 피카소라서 더욱 유명해졌다.

고야의 동상

프라도 미술관

피카소는 천재적인 화가이기도 하지만, 한국 전쟁을 그린 것에서도 알 수 있듯이 세상의 아픔에 귀를 기울일 줄 알았다.

그는 스페인 내전(1936~1939)이 있는 3년 동안 프라도 미술관 관장으로 있으면서 내전의 참혹한 실상을 〈게르니카〉라는 제목으로 그려 파리 만국박람회에서 프랑코의 독재를 고발했다. 그리고 프랑코의 독재가 끝나면 〈게르니카〉를 스페인으로 옮겨달라는 유언을 남겼다. 현재 〈게르니카〉는 스페인 소피아 미술관에 있다.

바로 옆에 있는 노란색의 **산 헤로니모 엘 레알 성당**에는 들어가지 않고 계단에서 사진 몇 컷으로 대신한다.

프라도 미술관에서 가장 유명한 엘 그레코(16~17세기)는 그리스 사람이라는 뜻. 그리스 사람이라고 부르다 그게 그냥 이름이 된 것 같다. 크레타섬 출신으로 후기 르네상스 화가. 엘 그레코의 그림의 특징은 성경과 하나님 위주, 손가락을 길게 그리며, 중지와 검지를 붙여 그리는 것. 정말 그렇다. 엘 그레코의 그림은 이제 알아볼 수 있을 것 같다. 본인의 사인으로도 해석할 수도 있다고 한다. 〈수태고지〉가 가장 유명한 작품이다.

벨라스케스는 17세기 스페인 미술사에서 가장 중요한 화가다. 궁정화가로 폭넓은 기법을 발전시켰다고 한다. 미술평론가들은 〈시녀들〉이라는 작품을 으뜸으로 꼽는데 펠리페 4세 가족사진에 본인의 얼굴을 그려 넣은 재미있는 그림이다.

버스 안에서 가이드는 〈고야의 유령〉이란 영화를 보여준다. 이렇게 감사할 수가. 고야의 판화집에서도 이미 말하고 있는 '이성이 잠들면 괴물이 깨어난다'를 이 영화에서도 인지시킨다. 18세기 스페인에서 벌어진 가톨릭 종교 재판의 광기를 한눈에 볼 수 있는 영화다.

프란시스코 고야(18~19세기)는 스페인 궁정 화가로 초상화와 풍속화로 명성을 드높였다. 나폴레옹 군대가 스페인 궁전 앞에서 사람들을 처형하는 장면을 표현한 〈1808년 5월 3일 마드리드〉에서 알 수 있듯이 고야는 민중의 고통과 절규에도 귀를 기울였다.

〈카를로스 4세의 가족〉은 매우 현실적이고 재미있다. 주걱턱 왕비의 거만한 자세에서 권력의 실세가 왕비였음을 보여준다. 〈옷을 입은 마하〉와 〈옷을 벗은 마하〉! 마하=아주머니라는데 매혹적인 미소를 담고 있는 주인공은 누굴까를 상상해 본다.

점심 식사 후, 2014년 IS 테러로 많은 희생자가 발생한 아토차역 건너편에서 버스를 타고 톨레도로 향한다.

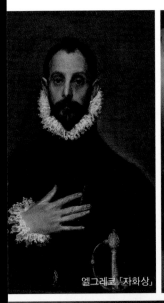

엘그레코 「자화상」

고야 「펠리페 4세」

벨라스케스 「시녀들」

엘그레코 「수태고지」

# 천년고도의 성곽 톨레도

중세풍의 천년고도 성곽도시 톨레도는 마드리드에서 버스로 한 시간 거리. 스페인 남부의 중심지로서 풍부한 문화유산을 지닌 곳. 스페인의 옛 수도로 중세 모습 그대로다. 톨레도는 요새 중의 요새로 상당히 큰 강인 타호강(타구스강)이 둘러싸고 있어 해자가 필요 없는 도시인데, 711년 이슬람교도에게 정복되어 약 400년간 지배를 받았다.

톨레도 성은 너무 높아서 에스컬레이터가 설치되어 있다. 정말 덥다. 겨울에 올 걸 그랬나 후회가 된다. 바닥이 돌과 자갈로 이루어져 로마와 이슬람 시대를 번갈아 걷는 재미는 있다.

**산토 토메 성당**이다. 이 성당에 오는 이유는 성당 입구의 한 벽면을 가득 메우고 있는 엘 그레코의 걸작품 〈오르가즈 백작의 매장〉을 보기 위함이란다. 성 아우구스티누스가 직접 백작의 시신을 묻었다는 이야기를 그

산토 토메 성당

림으로 그린 작품으로 성직자들의 화려한 의상은 환상적이고, 천사들이 이루는 배경은 황홀하다. 그림 앞에는 대리석 관이 조성되어 있다.

엘그레코 「오르가스 백작의 장례」

톨레도 성 - 알까사르

　가장 높은 곳에 있는 성곽 **알카사르**는 로마 집정관이 주둔하였던
곳. 이슬람이 개축하면서 고딕 양식이 혼합되고 카를로스 5세 때는 궁
전으로 사용하기도 하였다. 스페인 내전(1936~1939) 때에는 프랑코군이
70일간 공산권의 내각에 대항했던 곳. 얼마 전에 선생님들의 독서 모임
에서 읽은 〈리스본행 야간열차〉가 떠올라 어디쯤 프랑코 군이 총을 들
고 서 있었을까 상상해 본다.

　톨레도 성 알칸타라 다리(톨레
도 성 명물) 건너 레스토랑에서 저
녁 식사를 마친 후 석양 아래의
톨레도 성을 바라본다. 묵직한
돌덩이들 하나하나가 세월의 흔
적을 그대로 말해 주고 있다. 고풍의 진수가 참으로 사랑스럽다. 또다시
감사한다. 내가 현재 여기 있음을.

알깐다리

톨레도 대성당

1227년에 고딕 양식으로 지어진 **톨레도 대성당**은 모스크를 허물고 건축하였다는데 사원의 기둥은 그대로 남아 있다. 톨레도 성과 대성당도 세계 문화유산이다. 내부에 들어서는 순간, 화들짝! 이렇게 화려한 성당은 본 적이 없다. 화려함의 극치다. 예수님의 얼굴이 떠오르고 남미에 행한 스페인의 야만이 오버랩된다. 묘한 기분이다.

성당에서 압권은 보물실이다. 무게 200kg에 육박하는 성체가 유리관에 전시되어 있는데 정말 눈부시다. 축제 때 이 성체를 들고 시내를 투어하는 행사가 진행된다고 한다.

# .2.

# 유서 깊고 예술적인 살라망카

정말 덥다. 톨레도보다는 좀 덜하지만 너무 덥다. 그래도 즐겨야지. 톨레도에서 파티마로 가는 중간 지점에 들르는 곳이 살라망카다. 온통 브라운 색조를 띄고 있는 대학 도시. **살라망카 대학**은 스페인에서 가장 오래된 대학이고 유럽 내에서는 두 번째로 오래된 대학이다. 이 대학의 상징은 청개구리다. 뒤로 못 가고 앞으로만 가는 청개구리의 특성처럼 학문에 전진하라는 의미라고 한다. 가장 유서 깊고 예술적인 도시. 8~11세기에는 그리스도인들과 무어인들의 전쟁터였다.

이제는 저녁 조명이 가장 아름다운 **살라망카 마요르 광장**이다. 마요르는 크다는 뜻. 유럽에서 가장 아름다운 광장 중 하나라고 하는데 마드리드 마요르 광장과 유사하다. 여기 건물이 좀 더 화

살라망카 마요로 광장

려하다 할까. 투우장으로 사용하기 위해 이 광장을 만들었다 한다. 스페인의 역대 왕들과 프랑코 장군의 큰 메달이 양쪽에 장식되어 있다. 광장의 가장 중요 부분이 현재 시청이다.

**조개의 집**은 순례길을 지키던 기사의 집. 건물의 외곽에 빼곡히 장식된 조가비의 모양과 창의 장식이 독특하고 아름답다. 길바닥에는 순례자 표시판이 설치되어 있다. 산티아고 길은 프랑스 길, 북의 길, 은의 길, 포르투갈 길 4개로 구분되는데

조개의 집

살라망카에서는 야고보 수호성인을 상징하는 가리비를 배낭에 달고 은의 길로 순례한다.

살라망카 성당

**살라망카 대성당**은 외관만 보는 것으로 대신한다. 성당 안까지 들어가는 것은 우리의 프로그램에 없어서 샛문으로 기웃거려 본다. 외벽의 섬세한 조각과 정문의 색감이 명주실 같은 부드러움으로 다가온다. 사진을 찍는다고 남편이 길바닥에 누우니, 같이 온 일행들이 따라 하는 진풍경이 벌어진다.

# 성모 발현지 파티마

살라망카에서 3시간. 성모 발현지 **파티마 성당**(포르투갈)으로 출발. 12세기에 이슬람의 파티마 공주가 포르투갈 기사와 혼인하며 가톨릭으로 개종하고 숨을 거둔 곳이 바로 이 파티마 성지다.

파티마 성당

공주를 기리기 위해 그녀의 이름을 따서 파티마로 명명했다고 한다. 세계에서 가장 큰 성모 발현지인 이곳은 해마다 수천 명의 순례자가 방문한다.

성당 입구에서는 현 교황이 세운 커다란 나무 십자가가 경건한 마음으로 우리를 맞이하고, 운동장만 한 성당의 마당이 우리를 반긴다. 파티마 성당 안의 제단 위에 있는 성모상이 무척 단아하고 예쁘다.

호텔에 돌아와 저녁 식사를 하고 9시부터 시작되는 미사에 참석하기 위해 다시 마리아가 발현한 작은 성당으로 간다. 너무 날씨가 추웠지만, 머나먼 이국땅에서 그것도 마리아 발현지에서 미사에 참석한다는 것만으로 뿌듯함은 배가 된다. 정말 춥다. 그렇지만 너무 행복하다.

성당 입구의 나무 십자가

# .3.

# 땅끝 마을 카보다로카,
# 포르투갈의 수도 리스본

땅이 끝나고 바다가 시작되는 곳. 포
르투갈의 땅끝 마을인 **카보다로카**(호카
곶)로 간다. 파티마에서 약 2시간 소요.
TV 프로그램 〈꽃보다 할배〉에서 신구
할배가 혼자서 용기 있게 찾아간 곳. 설
레는 마음을 안고 도착한다. 해변 절벽
위에서 대서양을 한눈에 바라볼 수 있
는 곳. 아름다운 들판과 산 바다의 풍경
이 계속되는 곳.

카보다로카

카보다로카! 하늘은 구름 한 점 없는 코발트색이고 대서양 또한 하늘
과 구별 없이 같은 색이다. 중앙에는 십자탑이 서 있고, 포르투갈의 국
민 시인 카몽이스의 〈땅이 끝나고 바다가 시작되는 곳〉이라는 시구 밑
으로 38도라는 위도가 표시되어 있다. 우리나라 38도선과 같은 위도라
니 흥미롭다. 그래서인지 이 풍경 속에 제주도 섭지코지가 보인다.

카보다로카

제로니무스 수도원

이 바다 대서양을 건너면 신대륙이 나올 것이다. 콜럼버스 일행은 여기서 출발하여 파도와 싸우면서 신대륙으로 갔겠지. 바람이 어찌 거센지 내 몸 하나쯤은 거뜬히 바다로 이동시킬 것 같다. 아 시원하다. 춥다. 그래도 사진은 찍어야 한다.

약 1시간 이동하여 오디세우스가 건설했다는 전설 속의 도시 포르투갈의 수도 리스본으로 간다. 리스본은 BC 12세기에 페니키아인들이 건설했다. 그 후 그리스인, 카르타고인, 로마인, 서코트족, 이슬람교도, 스페인 등이 번갈아 장악하고 지배했다. 포르투갈은 1249년 리스본을 수도로 정하고 이곳을 중심으로 대항해 시대의 전성기를 맞이한다.

유네스코 문화유산인 **제로니무스 수도원**. 1502년 착공했으며 대항해 시대의 영화를 반영한 화려한 건물로 대지진의 피해를 입지 않아 본래의 모습을 간직하고 있다. 건물 자체가 정교한 예술품이다. 우리의 패키지에 들어있지 않아 외관만 보는 것으로 만족한다.

포르투갈! 하면 바로 빵이 떠오른다.
빵이란 이름이 포르투갈어이고, 외국어
가 아니라 외래어라고 학창 시절에 공부
해 왔다. 수도원 바로 옆에 포르투갈에
서 제일 유명하다는 제과점이 있다. 에
에그타르 빵
그타르트 빵을 파는 곳인데 역사가 깊다. 처음에 수녀들이 수녀복을
빳빳하게 풀을 먹이기 위해 달걀흰자를 사용했는데, 노른자가 남아 에
그타르트를 만들기 시작했다고 한다. 남편이 줄을 서서 에그타르트 빵
을 사고, 난 노점상에게 체리 5kg을 산다. 너무 맛있다. 점심은 현지식
바칼라우. 대구살을 비빈 요리인데 엄청 맛있다.

벨렘 탑

배의 출입을 감시하는 **벨렘
탑**. 탑의 모양이 드레스 자락을
늘어뜨린 귀부인의 모습을 닮았
다고 해서 테주강(타구스강)의 귀
부인이라고도 한다. 1515년 완성.
원래 인도, 브라질 등으로 떠나는
배의 통관 절차를 밟는 곳. 19세
기 초에는 정치범과 독립운동가
들의 옥살이 장소로도 사용되었
다고 한다. 현재 세계 문화유산으
로 등록되어 있다.

4.25 다리가 보이고, 그 건너편으로 리스본을 굽어보고 있는 그리스 도상이 멋지게 펼쳐있다. 브라질의 작은 예수상을 보는 듯하다. 스페인과 포르투갈의 식민지 경쟁이 치열하자, 교황이 1494년 남북으로 경계를 그어 서쪽은 스페인령, 동쪽은 포르투갈령이라는 교황 자오선을 선언한다. 하여 브라질은 포르투갈의 식민지가 되었고 나머지 남미 지역은 스페인의 식민지가 된다. 교황청이 앞장서서 식민지 정책에 깊숙이 개입되어 있다는 사실을 입증한다. 종교란 무엇일까를 생각하니 씁쓸하다.

4.25 다리는 1966년에 완성하여 독재자 살라자르 다리라고 불렸다. 1974년 4월 25일 리스본의 봄으로 살라자르가 실각하자 이를 기념해 **4월 25일 다리**라고 명명하게 된다. 〈리스본행 야간열차〉를 통해 본 '리스본의 봄' 또한 눈에 선하다.

4.25 다리

잘 놀고 흥분 잘하는 스페인 사람과 달리 포르투갈 사람은 보수적이고 조용하고 소박하다고 한다. 대표적인 정서는 '사우다드'라고 하여 우리나라 '한'과 비슷하단다. 이런 선율을 담은 전통 노래를 파두라고 하는데 우리나라 드라마에서 들어본 듯한 선율이다.

살라자르는 독재 정권을 펼치며 3F(종교 정책인 파티마-Fatima, 스포츠 정책인 축구-Football, 대중가요 정책인 파두-Fado)라는 우민화 정책을 실시한다. 전두환 독재 정권의 3S(스크린-영화, 스포츠 정책-프로야구 출범, 섹스산업 정책)과 유사한 점이 있다니 할 말이 없다.

오페라 카르멘의 무대가 되었던 세비야로 이동하는데 버스로 4시간 30분 걸린다. 빵이 포르투갈에서 유래했듯이 카스텔라는 스페인 카스티야 지방에서 유래했다고 배운 기억이 난다. 세비아 호텔 수영장에서 그동안 못 한 운동을 하고 하루를 마무리한다.

# .4.

# 카르멘의 무대 세비야

스페인 광장

1929년 조성된 스페인 광장. 스페인 대부분 도시에는 PLAZA DE ESPANA(에스파냐 광장)가 있는데, 가장 크고 화려한 곳이 세비야의 스페인 광장이다. 현재 스페인 국기는 중세 시대의 네 왕국을 담고 있다.

광장의 입구가 네 곳인데 각각 중세의 왕국을 기리는 방패 문양이 있다. 우리가 입장한 문은 아르곤 왕국이다.

2층으로 올라가는 계단이나 모든 벽면은 아르곤 왕국과 관련된 역사적 사건들이 아주 작은 타일로 모자이크되어 있다. 1층은 아치 형태의 회랑으로 되어 있고 양쪽 두 탑을 꼭짓점으로 2층이 반달 모양으로 둘러싸여 꼭 성처럼 보인다. 아름다운 두 개의 탑은 카스티야와 아라곤 왕국을 상징하고, 양옆의 건물은 나바라와 레온 왕국을 상징한다고 한다. 그 건물 앞에는 운하가 흐르고 이 운하 위에는 예쁜 4개의 다리(홍예교)가 놓여 있는데 이 또한 중세 가톨릭 왕국이었던 카스티야, 아라곤, 나바라, 레온을 상징한다. 중세 시대 네 개의 왕국이 모두 스페인 광장에 있는 셈이다.

이 광장은 〈꽃보다 할배〉에 소개되었지만, 예쁜 김태희가 CF 광고를 찍은 장소이기 때문에 더 유명해졌을 것이다. 우리도 김태희를 따라서 사진을 찍어본다.

스페인 광장

플라멩코의 본고장 세비야! 비제(1838~1875)의 〈카르멘〉의 무대 세비야! 이슬람과 기독교 문화가 어우러져 묘하게 화려한 분위기를 자아낸다. 그리고 〈세비야의 이발사〉가 떠오르는 건 당연하다. 세비야에는 이발사가 많을까? 그건 아니다. 로시니에 의해 19세기에 만들어진 오페라 〈세비야의 이발사〉는 세비야가 무대이며, 모차르트가 작곡한 〈피가로의 결혼〉의 전편이다.

여행은 설렘이다. 가이드는 버스 안에서 해박한 지식으로 궁금증을 풀어준다. 안달루시아는 스페인 최남단에 있으며 세비야, 말라가, 코르도바, 그라나다 등이 유명하다고. 스페인에서 가장 더운 곳이라고. 여름엔 평균 42도 정도의 온도이며, 15세기 말에 안달루시아 전체가 카스티야란 크리스트교 왕국에 합병되었고 오늘날의 주들은 1833년에 생겨났다고. 버스에서 보이는 스페인은 모두가 올리브나무밭이다.

스페인 광장

세계 문화에 통달한 가이드는 눈치 빠르게 영화 〈1492 콜럼버스〉를 틀어준다. 이탈리아 출신 콜럼버스는 지평선 너머로 사라지는 배의 모습을 보고 지구가 둥글다는 확신을 가진다. 당시 지구는 평평한 땅이라 끝까지 가면 지옥으로 떨어질 것이며, 그곳에는 괴물이 살고 있다는 공포와 미신이 가득한 시절. 자신의 신념을 고국인 이탈리아에서 펼칠 수 없던 콜럼버스는 스페인으로 건너가 이사벨 여왕의 지원을 받는다.

1492년 3척의 배로 항해를 시작한 콜럼버스는 아메리카 땅에서 섬을 발견한다. 이곳이 인도의 일부라 생각한 콜럼버스는 식민지를 개척하고 이사벨의 카스티야에 엄청난 부를 안겨준다. 이를 계기로 유럽은 아메리카 대륙을 손에 넣으며 제국주의 시대를 열어간다.

황금의 탑

과달키비르강(한강처럼 세비야 시내를 가로 지르고, 인도양으로 통함)을 통과하는 배를 검문하기 위해 1220년 이슬람이 세운 황금의 탑은 주변의 나무와 꽃들 산책로와 어울려 아름답게 서 있다. 처음에는 황금색 타일로 덮여 있어서 황금의 탑이라 불리었지만, 1492년 콜럼버스가 남미 대륙에서 가져온 많은 황금을 저장했다고 해서 **황금의 탑**이라고 불리게 되었다고 한다. 당시에 황금의 탑 반대편에는 정 8각형의 은의 탑도 존재했으나 1775년 리스본 지진의 여파로 무너졌다. 이곳에는 해양 박물관이 자리하고 있는데 이는 마젤란이 세계 일주를 항해한 것과 관련된 것이라 한다.

세비야 대성당

오렌지 나무 사이로 빼꼼하게 보이는 **세비야 대성당**으로 이동한다. 향긋한 오렌지 나무가 가로수를 이룬다. 세계 3대 성당 중 하나인 세비야 대성당! 〈죽기 전에 꼭 봐야 할 세계역사유적 1001〉 중 하나인 세비야 대성당은 바티칸의 베드로 대성당, 런던의 세인트 폴 대성당 다음으로 세번째로 큰 성당이다. 12세기 후반에 이슬람 사원을 허물고 1402년부터 약 1세기에 걸쳐 건축하여 고딕, 신고딕, 르네상스 양식이 섞여 있다.

세비야 대성당에는 무수히 많은 노동자가 있다. 보수를 하는 노동자, 오르간을 고치는 노동자. 이곳에서 노동하는 자체가 영광이 아니겠느냐고 동행자는 말한다. 오렌지 나무 안뜰에 이슬람 신도들이 손과 발을 씻던 모스크 양식이 남아 있다. 내부에는 세비야를 이슬람교도로부터 되찾은 페르난도 왕의 무덤 등 중세 왕들의 유해가 묻혀 있으며, 성배실이 있다.

와! 너무 화려하여 입을 다
물 수가 없다. 톨레도 대성당
을 화려하다 했더니 여긴 또
다른 세계다. 세비야 대성당의
최고의 유물은 콜럼버스의 관
이다. 네 명의 에스파냐의 왕
을 상징(레온, 카스티야, 나바라,

콜럼버스 관

아라곤)하는 조각상이 관을 메고 있다. '죽어도 스페인 땅을 밟지 않겠
다'는 그의 유언처럼 공중에 떠받들어져 콜럼버스 유골이 안치되어 있
다. 성당은 묘를 아름답게 꾸민 곳이라는 걸 새삼 느끼는 순간이다. 왕
과 더불어 성인들이 고이 잠들어 있는 무덤이자 기도의 장소다.

　정교한 건축에 감탄하면서도 찬란했던 잉카 문명과 마야 문명을 초
토화시키고 이렇게도 화사한 성전을 지었나. 톨레도에서 느낀 감정이
다시금 몰려온다. 예수님이 원한 성전이 이런 화려함이 아닐 텐데… 이
런 잘못됨을 고치려 많은 성인들이 올바름을 부르짖다 죽어가고, 산티
아고 순례길을 걷게 되었나 보다. 여러 가지 생각이 뒤엉킨다. 역사는
항상 아이러니하듯이 그들이 이룩해 놓은 성당의 모습은 이제는 세기
를 관통하는 예술 작품이 되었음을 인정하며 그 예술 작품을 감사히
감상한다.

# 모로코의 유럽 탕헤르

대서양을 건넌다. 꿈이 아니고 생시에 일어나는 일이다. 아프리카 입성이다. 스페인에서 갈 때는 대서양으로, 모로코에서는 지브롤터 해협을 지나 지중해로 이동한다. 지브롤터 해협은 유럽과 아프리카가 붙어 있었는데 헤라클레스가 번쩍 들어 올려 생긴 바다이고, 올라간 절벽은 헤라클레스의 기둥이라고 어린 시절에 그리스 로마 신화를 통해 즐겁게 세뇌되었다. 지브롤터 해협을 내 눈으로 보고, 헤라클레스 기둥을 보게 되다니. 정말 꿈은 아니다.

햇볕 쨍쨍 내리쬐는 타리파 항. 고속 페리로 45분 소요. 유럽과 아프리카가 지척이라니. 너무 설레서 감정을 조절하기 힘들다. 잉? 하와이인가? 모로코의 **탕헤르**라네. 아프리카에 분명히

탕헤르

왔는데 이렇게 멋진 휴양지라니. 모로코에 대해 문외한이라서 눈이 번쩍 뜨인다. 경비는 삼엄하다. 우리나라에서도 위험 지역이니 조심하라고

지속적으로 핸드폰 메시지를 보낸다. 언덕에 기댄 나지막한 하얀 집들과 붉은 벽돌집이 예쁘다. 탕헤르 메디나(번화가)는 현지인보다 유럽 여행객이 훨씬 많아서 아프리카라는 느낌이 나질 않는다. 탕헤르의 하얀 호텔이 바로 눈앞에서 나를 반긴다. 뜻밖의 선물을 받은 기분이다. 지중해가 한눈에 바라다보이는 호텔의 베란다에서 우린 환호성을 지른다.

저녁 메인 요리는 타진과 쿠스쿠스, 민트티도 나온다. 전통 음식 중의 하나인 타진은 갈비찜과 비슷하지만 조금 싱겁다. 과일 수박은 넉넉하게 제공되고 스페인 못지않게 빵은 구수하다. "살람 알레이쿰 Salaam alaikum!", 인사말도 되고, 감사하다는 말도 되고, 잘 있으라는 말도 된다.

저녁을 먹고 지중해 해변에 발자국을 남긴다. 행복이란 이런 거구나. 하고 싶은 걸 해보는 것. 아들이 해변가에서 모로코 소녀와 다정하게 이야기하고 있다. K-POP 가수인 엑소를 좋아한다는 소녀는 아들을 보고 첫눈에 반한 모

모로코 소녀와 해변가에서

양이다. 모로코 소녀 가족과 함께 인증샷하고, 페이스북 주소를 주고받는다. 아름다운 지중해의 노을을 가슴에 담고, 호텔 풀장의 파라솔에 몸을 맡기니 내 몸으로 지중해의 별빛이 쏟아진다.

# .5.

# 살아있는 중세 도시 페스.
# 모로코의 수도 라바트. 영화의 배경 카사블랑카

조식 후 모로코의 정취를 느끼고자 살아있는 중세도시 페스로 이동한다. 북아프리카 서북쪽에 위치한 미지의 세계. **메디나 투어**의 시작이다. 골목이 무려 2만 개다. 그래서 시장 투어 전문 가이드만 졸졸 쫓아가야만 한다. 골목을 한참 걷자 허브 잎을 입에 물라고 한다. 똥 냄새가 진동하는데 허브 잎도 소용없다. 구역질이 난다. 천연 가죽 공장에 왔다. 최소 이 공장 200m 전부터 똥 냄새는 진동한다. 가죽을 염색하는 방법은 당나귀 응가를 가져다가 구멍에 넣고 가죽을 넣은 뒤마구마구 밟아준다고 한다. 응가 성분으로 질긴 가죽이 연하게 된다.

다큐멘터리를 보면서 꼭 가보리라 다짐한 곳. 역겨운 냄새에 힘들었지만, 고대모로코의 수도 페스의 거리를 걸었다는자체가 사랑이다. 내리막길, 2만 개의 골목, 과거 유대인 가게, 거리의 엄청난 냄새. 모두 모두가. 미로를 나오니 공동묘

천연 가죽 공장

지가 있는데 모든 무덤은 메카 방향을 바라보고 있단다.

이슬람 왕조의 최초의 수도이며 세계 최대의 미로 도시인 페스. 흙벽 돌로 지은 성곽. 조상 대대로 이어져 내려온 전통적인 생활 모습. 큰 재래시장이 있는 페스. 이슬람 사회의 특징은 동네마다 쿠란 학교, 공중목욕탕, 시장, 병원, 대학교가 있다. 이슬람교는 성직자가 특별히 없고 누구나 성직자이면서 신자다. 그래서 기도 시간이 되면 동네의 대표되는 사람이나 연장자 또는 그날 예배를 주관하는 사람은 성직자로 나서서 진행하는데 그 사람을 이맘이라고 한다.

페스의 추억을 안고 모로코의 수도 라바트로 간다. 미완성으로 남아 있는 **하산 타워**(하산 탑) 뒤로 대서양이다. 흙담으로 세워진 입구부터 신비롭고, 광장의 기둥들도 멋스럽다. 건설이 중단된 상태다. 바로 앞

하산 타워

에는 근대화의 초석을 놓은 **모하메드 5세의 영묘**가 있다. 영묘는 흰색과 초록 지붕이 잘 어울리는 전형적인 이슬람 양식으로 정교하고 아름답다. 지중해 연안을 따라 이동한다.

모하메드 영묘

미국의 도시인 줄 알았는데 카사블랑카가 모로코에 있다. 우린 거기에 간다. 〈카사블랑카〉 노래가 절로 나온다. 잉그리드 버그만 주연의 영화 〈카사블랑카〉(1942)로 유명해진 곳이다. 영화의 원작 타이틀이 '모두들 릭의 가게에 모인다'였다고 한다. 언제부턴가 **카사블랑카**에 릭의 카페들이 많이 생겼고, 지금도 〈릭의 카페〉라는 카페가 있는데 영화 〈카사블랑카〉의 영향으로 손님이 있다고 한다.

재미있다. 오히려 영화보다 더 영화 같은 사실은 2차 세계 대전 당시 연합국 대표 윈스턴 처칠과 프랭클린 루스벨트가 비밀회담한 곳이 카사블랑카다. 대서양 변에 있는 카사블랑카는 유럽과 모로코의 다양한 모습이 섞여 있다.

옆에 있는 **하산 2세 사원**은 대서양을 매립하고 건축하였다. 자연 문양이 화려한 성당에 비해 훨씬 정교하고 고급스러워 보인다. 그라나다에 있는 알람브라 궁전과 유사한 형태라고 한다.

하산 2세 사원

# .6.

# 산토리니를 연상시키는 미하스.
# 피카소를 탄생시킨 말라가

탕헤르를 제외하곤 굶주림이 심한 아프리카 그대로인 모로코. 지중해 바람의 배웅을 받으며 떠난다. 붉고 푸른 모로코의 향기가 얼마나 신선하고 감사한가. 슈크란(감사). 사랑스러운 모로코. 헤라클레스의 기둥을 지나 스페인으로 간다.

아기자기하게 하얀 집들로 이루어진 하얀 마을인 **미하스**. 안달루시아 특유의 흰 벽의 집들이 늘어선 미하스는 지브롤터에서부터 우측에 짙푸른 지중해를 끼고 스페인에서 가장 긴 해안선을 따라 올라가는 산

당나귀 택시

중턱에 있다. 파란 하늘 아래 온통 하얗게 물든 동화 같은 마을 미하스는 말라가 주 남부 해안에 위치한 400m에 이르는 고산 도시다. 그리스의 산토리니를 연상시키는 미하스는 안달루시아의 에센스라고 부른다. 당나귀 택시가 운행되는 것도 묘한 매력이다. 마차를 타고 마을을 돌아보면서 황홀한 미하스 거리를 감상하는 재미를 맛보고, 숙소가

미하스 마을

말라가 해변

있는 말라가로 향한다.

　또 하나의 지중해를 선물로 받는다. 모로코에서는 지중해의 동쪽을, **말라가**에서는 지중해의 서쪽을. 스페인은 태양을 팔아먹고 사는 나라라는 말을 실감하는 순간이다. 유럽의 관광객들이 지중해의 태양을 찾아오기 때문에 여기는 자국민보다 외국인이 훨씬 많다. 저물어 가는 지중해의 햇살을 그냥 보낼 수 없어 머리끝에서 발끝까지 태양과 조우시킨다. 말라가는 파블로 피카소가 태어난 곳이다. 피카소의 유물을 보고 싶었는데 우리의 숙소는 말라가 주의 끝에 있다. 아쉽고 애석하다. 우리도 말라가에 와서는 말라가 법을 따른다. 새벽이 되어야 하루 일과를 마치는 이 동네의 유흥에 덩달아 밤을 잊고, 해변의 흥겨움 속을 기웃거린다.

# .7.

# 누에보 다리를 자랑하는 론다

지중해에서 해맞이! 얼마나 멋있을까. 우리의 숙소는 모로코를 바라보고 있으니 이런 행운이 어디 있나. 달콤하게 잠을 자고 새벽에 일어나 해맞이를 하겠다는 야무진 생각은 여지없이 깨졌다. 우~ 흐리다. 해가 보이질 않는다. 이렇게 안타까울 수가. 나는 여행복이 있다고 말해 왔는데… 구름에 싸여 있는 해를 안타깝게 바라본다. 어쩌랴. 늦은 아침인데도 호텔 앞 상가는 한밤중이다. 밤을 지새우는 젊은 유럽인들 때문에 오후 2시나 되어야 하루의 일과를 시작한단다. 그들 덕분에 한숨도 못 자고 론다를 향해 또다시 부푼 꿈을 안고 출발한다.

**론다**는 안달루시아 지방 말라가 주의 소도시다. 지중해 가까운 남쪽 나라답게 야자수도 보이고 넓은 초원은 초록 융단을 깔아놓은 듯 가지런히 예쁘다. 누에보 다리를 건너 스페인에서 가장 오래된 투우장과

론다 시내

산타 마리아 라 마요르 성당을 둘러
본다. 투우장 앞에서는 옛 영광을 재
현하려는 듯 소 동상과 투우사의 동
상이 버티고 있다.

론다 투우 동상

〈꽃보다 할배〉에서 얼마나 멋진 장
관으로 다가왔던가. 내가 그곳으로 가
게 되다니. 투우의 발상지로 유명한
론다는 해발 750m의 높은 산으로 이루어진 산악 지대에 있다. 인구 3
만 5천 명이 거주하는 작은 시골 마을이며, 다양한 종류의 포도밭이
론다 주변을 메운다. 산길을 따라 구불구불 올라간다. 산 페드로 길이
라 불리는 이 길 위에서 강렬한 태양을 머금은 지중해를 바라볼 수 있
는 것 또한 영광이다.

론다에는 구시가지와 신시가지가 있었다. 사이에 120m 깊이의 협곡
이 있어 두 지역 사이에 장애물이었다. 이 문제를 해결하기 위해 건설
된 다리가 **누에보 다리**인데 '새로운 다리'라는 뜻이란다. 유럽은 왜 이
름을 이렇게 생각 없이 아무렇게 지을까 한참을 웃는다.

누에보 다리에서 협곡으로 내려가는 길에 헤밍웨이가 살았던 노란
주택이 있다는데 찾기 어렵다. 〈누구를 위하여 종은 울리나〉를 창작할
때, 머물렀던 집이라고 한다. 헤밍웨이의 기념관이 있다길래 열심히 찾
아보지만 없다. 가이드에게 물으니 이미 레스토랑으로 바뀌어 영업 중
이란다. 아뿔싸. 이러면 안 되지. 우리나라라면 벌써 발길이 끊이지 않
는 관광지로 만들었을 텐데. 이 사람들은 돈에 관심이 없는지, 너무 느
려서인지 헤밍웨이를 홀대하고 있네. 스페인이 너무하네.

누에보 다리

# 그라나다의 상징 알람브라 궁전

한 권의 책이 부활시킨 알람브라 궁전. 1832년에 폐허가 된 이 궁전에 워싱턴 어빙이라는 작가가 머물면서 글을 쓴 후, 알람브라 궁전으로 부르게 되었다. 알람브라 궁전으로 간다. 가슴이 쿵쾅거린다. **알람브라 궁전**이 있는 그라나다로 가는 길에는 청

알함브라 궁전 문패

명한 하늘. 끝을 모르는 올리브나무. 뜨거운 태양. 모두가 스페인의 큰 자산으로 동행한다. 요새로 정하긴 안성맞춤이다. 따라딴딴 따라라라~ 입에서는 〈알람브라 궁전의 추억〉의 멜로디가 절로 나오고, 기타 소리의 환청을 들으며 궁전에 입장한다. 순간, 여느 성당에서나 볼 수 있는 두 종교의 흔적을 여기서도 본다. 입구에서부터 이슬람 장식을 지우고 박아놓은 성모상을. 이슬람 세력 후에 가톨릭 세력이 되었음을 알려주는 증표다.

이슬람 건축의 최고봉으로 꼽히는 붉은 성이라는 뜻의 알람브라 궁전은 처음에 흰색이었으나 점점 붉은색으로 변하는 흙으로 만들어졌다. 붉은색보다는 황토색에 가깝게 보인다. 알람브라 궁전의 최고경지

모카라베 양식의 천장

인 나스르 궁은 이슬람 특유의 건축양식인 벌집 모양의 모카라베 양식(회반죽으로 만든 자연의 문양–프레스코화)이라고 하며 인도의 타지마할에도 영향을 주었다고 한다. 이슬람의 창시자인 무함마드가 동굴에서 신의 계시를 받았기 때문에 동굴 속의 모습을 표현하기 위해 종유석 모양을 본떴나 보다.

사자의 궁은 나스르 왕국에서 가장 세력이 컸던 귀족 가문의 집으로 화려함의 극치를 이루는 모카라베 양식의 천장이 있다. 이 천장을 보기 위해 알람브라에 왔다는 동행의 말에 한참을 웃으며 "나도 그렇다."라고 맞장구를 친다. 사람의 힘으로 어떻게 이렇게도 오묘하게 한땀 한땀 표현했는지 존경을 넘어선다.

나스르 궁

12마리 사자상

또한, 물을 소중하게 생각했던 아랍인들은 궁전에 연못과 분수를 만들었는데 사자의 중정에 있는 12마리 사자상이 유명하다.

가이드는 그라나다로 오면서 영화 〈엘시드〉를 틀어주었다. 패키지여행은 단점도 있지만 좋은 점은 버스 안에서 관계된 영화를 볼 수 있다는 점이다. 1080년 배경인 찰턴 헤스턴과 소피아 로렌이 주연 〈엘 시드〉. 유사프를 대장으로 하는 이슬람이 아프리카에서 스페인을 노린다. 이때, 스페인의 영웅 엘 시드가 가톨릭과 회교도가 손을 잡고 외적을 막자고 설득하여 스페인이 승리하는 내용이다. 이미 8세기에 스페인은 아랍인이 점령했기 때문에 이슬람(무어인)과 기독교인이 함께 사는 상황이었다.

스페인의 원주민은 갈색 피부에 검은 머리를 가졌을 것으로 보인다. BC 3세기부터 로마의 점령을 받았고, 서로마 멸망 후에 476년부터 게

126

르만 계통인 서고트족의 지배를 받는다. 그러나 서고트 왕국은 왕자의 난으로 아프리카에 있던 아랍인을 불러들인다. 왕위 계승이 약한 서고트족을 아랍인이 누르고, 711년부터 1492년까지 약 800년 동안 스페인을 지배한다. 아랍인은 처음엔 그라나다 북쪽의 코르도바에 무어 왕조를 세웠다가, 유럽인에 쫓기면서 요새 중의 요새인 그라나다로 옮겨 궁전을 짓는데, 이게 바로 알람브라 궁전이다(13~14세기에 건축).

나사리 궁전과 헤네랄리페 가는 길목에 자리한 파르탈 정원. 이곳은 대칭을 이루는 아치형 구조로 이슬람 시대 술탄과 귀족들의 저택이 자리했던 곳이다. 알람브라 궁전에 남아 있는 건축물 가운데 가장 오래된 곳이

파르탈 정원

고, 여기 또한 생물 하나 조각하지 않고 아라베스크 형식으로만 벽과 천장을 꾸민 모습이다. 하나님이 원하는 궁전의 모습은 무엇이었을까를 다시 생각해 본다.

헤네랄리페 정원

여름 별장 헤네랄리페 정원이다. 사이프러스 나무가 병풍처럼 정원을 아름답게 하는데, 여기엔 무덤이 많이 있었다는 증거라고 한다. 로마 시대부터 로마인들은 무덤가에 이 나무를 심었다. 헤네랄리페란 아랍어로 '모든 것을 볼 수 있는 사람이 사는 정원'이라는 뜻이란다.

알람브라 궁전에서도 왕자들의 왕위 다툼은 심했다. 왕의 총애가 후궁에게 기울자 왕비의 아들 보압딜이 모반을 꾀하여 아버지를 축출하고 왕위에 오른다. 왕권을 강화하기 위해 정적을 모두 제거하니 그에게는 제대로 된 신하가 없고, 이후 왕국은 쇠퇴하여 1492년 스페인의 이사벨 여왕에게 항복한다.

카를로스 5세 궁전

**카를로스 5세 궁전**을 관람한다. 카를로스 5세는 신성 로마 제국의 황제이자 스페인 제1대 국왕으로 외모는 입에 파리가 들어갈 것 같은 턱을 가졌다고 한다. 카를 5세는 신혼여행을 위해 그라나다를 찾았다가 알람브라 성을 보고 이곳에 자신의 이름을 딴 궁전을 건축했다. 외관은 정사각형이지만, 실내는 원형으로 되어 있는 독특한 형식이다. 이슬람 건축에 못지않은 르네상스 양식으로 지으려고 했지만, 알람브라 궁전에는 훨씬 약하고, 주변의 이슬람식 분위기에 어울리지 않아 어색하다. TV 프로그램 〈꽃보다 할배〉에서 신구님이 궁전 중앙에서 울림을 확인해 보려고 소리 지르다 관리인에게 제지당한 장소에서 나도 확인해 보고 싶었지만 억누른다.

멀리서도 높은 성벽처럼 보이는 알람브라 궁전의 성곽이 바로 **알카사바**. 가파른 능선을 따라 조성된 성곽은 첫눈에도 자연을 잘 활용한 전략적인 요새임을 알 수 있다. 요새 자체는 별반 다를 게

알카사바

없으나 알카사바 내부에는 병사들의 터와 집터 등이 지금도 남아 있다. 목욕탕도 있다.

알카사바에서 바라보는 **알바이신 지구**는 예쁘고 평화로운 마을이다. 그라나다에서 이슬람 왕조가 축출된 후 이슬람교도들의 거주지가 된 이 마을에는 하얀 집들이 옹기종기 모여 있다. 여기에 알람브라 궁전을 건축했던 수많은 장인과 그 후손들이 살았고, 지금까지 집시들이 모여 살기도 한다. 오늘 저녁에는 사람 사는 냄새가 물씬 풍기는 알바이신 지역을 찾아갈 것이다.

알바이신 지구

호텔 저녁 식사 후 그라나다 역사 지구인 **알바이신 지역**에 플라멩코 춤을 보러 집시의 집으로 간다. 플라멩코는 원고장인 세비야에서 보기로 했는데 가이드가 알람브라로 바꾸는 바람에 기분

플라멩코 춤

이 썩 좋진 않았다. 가이드는 오바바 대통령도 여기 집시의 집에서 관람하였다고 우리를 설득한다. 그래. 그럼 믿고 보자. 마음을 돌린다. 볼까 말까 망설인 시간이 무색하게도 너무나도 장엄하고 열정적인 무대에 나는 어느 순간 박수를 보내고 있다. 배우들의 열연에 땀방울이 관객석에까지 튀어 오른다. 집시들의 애환을 이런 열정으로 달랬기에 머나먼 길을 그들은 무시당하면서도 이겨내고 살았구나 하고 고개를 끄덕이게 된다. 표정없는 얼굴로 손, 발바닥 박자에 맞추는 기타 연주와 애절한 노랫말은 관객을 숙연하게 한다.

예전에 프라하를 여행하며 보헤미아에 집시들이 많이 몰려와 살았고, 그 집시들이 유럽으로 가면 거기에선 당연히 보헤미아에서 왔을 거라 생각해 집시들을 보헤미안이라 불렀다고 쓴 적이 있다. 알바이신 지구의 골목길을 거닐며 삶에 대해 많은 생각을 한다. 집시들의 삶은 아름다운가? 아름다운 삶은 무엇일까? 어떻게 살아야 할까? 내 삶은 옳은 방법일까?

알람브라 야경

공연의 긴 여운을 뒤로하고 알
람브라 궁전의 야경을 보러 **람블
라 공원**으로 이동한다. 행복한 분
위기의 젊음이 나에게도 전이된다.
아~ 감탄사가 절로 나오는 알람브
라의 야경. 입에서는 스페인의 기
타리스트 타레가의 〈알람브라 궁
전의 추억〉의 선율이 절로 나오고,

알바이신 지구

붉은 성은 불빛을 받아 더 황홀함으로 다가온다. 은구슬이 굴러가는
것 같은 감미로운 이 곡 때문에 사랑을 더 받게 됐다는 알람브라 궁전.
사랑에 실패한 타레가가 여기에 오지 않았다면 이 아름다운 궁전을 볼
수나 있었겠는가. 이렇게도 아름다운 궁전을 가톨릭에 빼앗긴 무어인
의 가슴은 얼마나 시리고 아팠을까. '인샬라'를 외치며 목놓아 울었다
는 이슬람인들의 모습이 눈에 훤히 다가온다.

# .8.

# 가톨릭과 이슬람의 조화
# 메스키타의 도시 코르도바

코르도바! 하면 메스키타! 라고 할 정도로 메스키타는 코르도바의 상징이다. **메스키타**는 모스크의 스페인어인데, 산타마리아 성당을 메스키타로 부르고 있다. 성당 자리에 8세기에 이슬람은 25,000명이 동시에 메카를 향해 기도할 수 있는 사원을 만들었다. 1492년 이사벨 여왕이 스페인을 통일하면서 다시 가톨릭 성당으로 탈바꿈한다. 이후 코르도바는 안달루시아 주도로 서구의 콘스탄티노플, 서양 속의 동양이라고 불렸다. 메스키타는 일부분만 성당으로 개조하고 이슬람 사원 대부분은 원형 그대로 사용하고 있다. 정원에는 4가지 성스러운 나무(올리브, 야자수, 오렌지, 사이프러스)를 심는다고 한다.

850개의 말발굽 모양의 아치 기둥, 정교하면서도 기하학적인 이슬람식의 문양은 전통적인 이슬람 사원의 양식 그대로를 보여주고 있다. 이베리아 반도에 흩어져 있던 신전의 기둥을 뽑아다가 건축했단다. 아치는 색칠한 것처럼 보이지만 사실은 붉은색과 흰색의 벽돌을 교대로 쌓아서 만든 것이다. 아치 기둥은 원래 1,200개였는데 150개를 떼어다 카를로스 5세 궁전 건설에 사용했다. 카를로스 5세는 후일 이곳을 방

메스키타

문하고는 어디에서나 볼 수 있는 건물을 짓기 위해 어디에서도 볼 수 없는 건물을 파괴하였다고 한탄하였다고 한다. 외모는 볼품없지만, 멋진 카를로스 5세다.

중앙 제대에 화려한 예수님상과 이슬람의 아치 기둥의 배경이 묘하게 어울린다. 기둥에 건축가의 실명을 기록한 것도 독특하고 새롭다. 한 지붕 두 가족의 메스키타 사원. 알람브라궁전과 함께 이슬람문화가 남긴 최고의 유산이다. 이슬람 속의 가톨릭. 가톨릭 속의 이슬람. 어디에서도 볼 수 없는 종교 건축물이란다.

예수님과 이슬람의 공존

서코르도바 역사지구로 들어가는 성벽 입구에 도착했다. 네로황제의 스승인 세네카 동상이 지키고 있고, 성벽 한쪽에는 도랑 같은 해자도 있다. 성문 안으로 들어가면 먼저 하얀색 유대인 거리가 나온다. 사람 한 명이 겨우 지나갈 만한 좁은 골목이 미로처럼 얽혀있

네로황제의 스승 세네카

는 **유대인 지구.** 코르도바 꽃길이다. 불과 20m의 감동이다. 꽃길 속을 걷는 기분이다. 벽 전체가 화단처럼 꾸며져 있어 골목을 걷고 있으면 나도 중세의 유대인이 된다.

험난한 시대에 이렇게 꽃을 가꾸며 유대인은 희망을 꿈꾸었겠지. 선민의식 때문에 자기네만이 하나님의 아들이라 생각하며, 무엇에도 굴하지 않고 산 민족. 로마 시대에는 궁전에 불을 질렀다는 네로 황제의 거짓으로, 중세에는 마녀로, 페스트 병의 주범으로, 세계 대전 때는 유대인이라는 이유로 얼마나 무참히 무시당하고 사살되었는가. 하나님에 대한 믿음으로 고통을 참아냈기에 하나님은 부와 명예를 그들에게 선물로 안겨주었는지도 모르겠다.

코르도바에는 많은 유대인이 살고 있었는데 1492년 유대인 추방령이 내려지면서 그들은 이곳을 떠났다고 한다. 작은 자갈로 모자이크해 놓은 바닥이 참 예쁘다. 계속 골목길을 따라 걸으면 파티오(안뜰) 광장이 나온다. 광

유대인 거리

장 안의 노천카페는 동네의 사랑방으로 꽃길로 이어져 있는 골목에서 집들과 어우러진다. 메스키타의 첨탑, 흰 벽, 그리고 꽃 화분 배경이 코르도바의 대표적인 포토존이란다. 우리도 포토존에서 자세를 취해 본다.

# .9.

# 블랙마리아상을 보유한 몬세라트.
# 스페인의 꽃 바르셀로나

코르도바에서 바르셀로나까지 가기엔 너무 멀어 해안 도시로 유명한 발렌시아에서 숙박을 하고 오늘은 아찔한 절벽 도시 몬세라트로 이동한다. 산악열차로 올라가고 케이블카로 내려오는 일정을 택한다. 1인당 30유로다. 몬세라트는 '톱으로 잘라 나누어진 산'이란 뜻으로 6만여 개의 기암괴석으로 이루어진 회백색 바위산이다. 산악열차로 오르면서 바라보는 장엄한 절경에 깜짝깜짝 놀란다.

몬세라트 수도원(1025년 건축)은 가톨릭 성지로 유명한 곳이다. 특히 대성당 내부에 안치되어 있는 블랙마리아상은 소원을 빌면 이루어진다는 소문이 있어 사람들의 발길을 끊이질 않는다. 대성당의 수호성인인 블랙마

몬세라트 수도원

리아상은 카탈루냐 사람들의 신앙의 중심이었다. 무어인이 지배할 당시에 동굴 속에 감춰져 있었고, 1811년 나폴레옹 군대가 수도원을 파괴했

을 때도 카탈루냐 사람들은 이 마리아상을 지켜
냈다 한다. 1881년 교황은 검은 성모마리아상을
카탈류냐 수호 성모상으로 지정한다. 11시에 시
작된 미사는 건성으로 보고, 검은 성모마리아상
을 보기 위해 줄을 섰다. 1시간을 기다린 끝에 3
초 정도 보고, 뒷사람에 밀려 나왔다.

블랙마리아상

신혼부부와 함께

이 수도원에서 빼놓을 수 없는 건 바
로 에스콜라니아 소년합창단이다. 꼭
보고 싶었지만, 미사가 거의 끝날 즈음
에 들어가서 보질 못했다. 참으로 아쉽
다. 동남아인으로 보이는 부부에게 사
진을 찍어달라고 부탁했더니 우리말을
잘한다. 우리말을 잘하네요. 했더니, 3개월째, 직장에 사표를 쓰고 유
럽여행 중이란다. 신혼부부인데 배낭여행으로 얼굴이 타서 동남아인이
되어 있었지만, 참으로 행복하고 훌륭해 보여서 잘했다고 칭찬을 해주
었다.

바르셀로나에 도착해서 햇볕의 따가움을 안고 지중해변 요트장을 바
라보며 점심을 먹는다. 돼지 뒷다리를 소금에
절여 1년 동안 말린 것을 하몬이라 한다. 하
몬으로 요리한 스페인 현지식이다. 맛있다.


드디어 스페인의 꽃! 바르셀로나. 바르셀로
나에는 소매치기가 많기로 유명하단다. 혹시
라도 귀중품을 도난당하면 경찰서를 찾아가
라고 가이드가 주의를 주고 또 준다. 먼저 중

콜럼버스의 기념비

심지인 **카탈루냐 광장**으로 간다. 이 광장을 중심으로 그라시아 거리, 람블라 거리가 이어진다. 겨울철에는 우리의 광화문 광장처럼 스케이트장을 설치하기도 한단다. 광장 중심에 SAMSUNG 로고가 당당히 걸려 있다. 우리나라의 위상을 보여 주는 것 같아 뿌듯하다. 광장 중앙에 있는 분수대를 거쳐 콜럼버스 동상과 콜럼버스의 기념비를 본다. 콜럼버스는 프톨레마이오스의 책을 읽으며 지구가 둥글다는 것을 알게 되었고, 배의 이동을 보고 확신을 가졌다 한다.

**람블라 거리**로 간다. 많은 인파가 바르셀로나의 명성을 증명한다. 플라타너스가 터널을 이루어 바르셀로나 시민들의 산책로 역할을 하는 이 길은 신사동 가로수길의 2배 정도라니 끝이 보이질 않는다. 세계인의 집합소다. 예술가들이 자신들의 능력을 마음껏 보여주는 장소이기

도 하다. 그들의 작업을 바라보고
구경하는 사람들을 보는 것만으
로도 람블라 거리의 예술 속에 동
참하게 된다. 거리에서는 다양한
퍼포먼스가 이루어진다. 나도 주
인공이 되어 예술품의 하나로 증

람블라 거리

거를 남기고 싶지만, 용기는 없다. 관광객들은 한가로운 표정으로 여행
을 즐긴다.

람블라 거리

우리의 패키지는 바르셀로나 일정이 너
무 짧다. 마음이 아프면서 초라해진다.
다음에는 저들처럼 여유롭게 와야지. 큰
길 사이사이로 미로와 같은 좁은 골목
길이 있고, 중세 건물이 많이 남아 있
다. 시장과 가게는 관광지라서인지 상당
히 물가가 비싸다. 레이알 광장에 특이하
고 멋진 가로등이 있는데 가우디가 만든
최초의 작품이란다. 람블라 거리의 끝 항
구 앞에는 스페인의 자랑 콜럼버스가 어
김없이 서 있다.

# . 10 .

# 가우디의 나라
# 파밀리아 성당과 구엘 공원이 있는 바르셀로나

스페인을 여행하는 목적 중에 하나
는 안토니 가우디의 건축물을 보기
위함일 것이다. 건축물에 자연의 숨
결을 불어넣은 천재인 가우디는 20
세기가 낳은 가장 독특하고 천재적인
건축가로 불린다. 드디어 **사그라다**
**파밀리아 성당**이다! 가슴이 띈다. 수
많은 인파로 인증샷도 찍기 어렵다.
1882년 비야르라는 건축가에 의해 시
작되지만, 1883년 31세의 안토니오
가우디(1852-1926)가 맡으며 본격적으
로 시작되었단다. 총 세 개의 파사드

사그라다 파밀리아 성당

(예수 탄생, 예수 수난, 예수 영광) 중 예수 탄생의 파사드는 가우디 생전에
완성하였다. 세 개의 파사드에 4개의 첨탑을 세우고 열두 사도를 상징
하는 12개의 탑이 세워지는데 탑이 꼭 옥수수처럼 보인다.

사그라다 파밀리아 성당

성가족성당(사그라다 파밀리아 성당)
은 예수, 마리아, 요셉 세 사람의 성
스런 가족을 위해 지어졌다. 깊은 신
앙심, 천재성, 검소한 일생은 가우디
의 대명사다. 한 인간의 일생이 사그
라다 파밀리아 성당에 있고 세상의
사랑이 거기에 있었다. 책과 영상을
통해 보아왔지만, 눈으로 확인하는

성당 내부

성당의 모습은 할 말을 잃게 만든다. 성당 외관에서부터 아! 소리밖에
낼 수 없었는데 성당 내부에서는 넋을 잃는다. 기존의 성당과는 완전히
다른 형태. 자연을 사랑한 가우디는 성당 안에 자연을 그대로 옮겨 놓
았다. 너무나 멋진 자연 풍광을 성당 안에서 만끽한다.

수난의 파사드

그의 천재적인 창의력은 감탄을 넘어
존경스럽다. 이슬람의 아라베스크에서
힌트를 얻지는 않았을까 추측도 해본다.

1926년 트램에 치여 쓸쓸히 죽어간 가
우디의 행색이 어찌나 남루한지 노숙자
인 줄 알았단다. 천재 건축가의 끝은 초라했지만 그의 작품은 100여
년이 지난 지금도 바르셀로나를 대표하는 건축물이 되었다. 성가족성
당(사그라다 파밀리아 성당)을 비롯한 그의 건축
물 7개가 유네스코 세계 문화유산에 등록되
어 있다. 그는 어떤 미소로 사그라다 파밀리
아 성당을 바라보고 있을까? 2026년에 완공
된다 하니 다시 꼭 가봐야겠다.

수난의 파사드

까사 바트요

죽어서도 스페인을 먹여 살리는 콜럼버스와 가우디! 엄청난 시샘이 몰려오는 것은 어쩔 수가 없다. 15C 이사벨 여왕 시대에는 콜럼버스를 통하여 막대한 부를 이루지만, 식민지들이 독립하면서부터 스페인은 경제에 허덕이다 또다시 가우디라는 건축가를 만나 엄청난 기적을 이룬다. 마드리드에 갔을 때, 수도가 너무 한적하게 느껴졌는데, 여긴 역시 바르셀로나다. 현재 스페인 경제의 20%가 바르셀로나에서 나오니 바르셀로나인들은 꾸준히 독립을 요구한다고.

카탈루냐 광장 옆에 가우디의 건축물인 까사 바트요(바트요의 집)와 까사 밀라(밀라의 집)가 인접해 있다. 까사 바트요는 바다를 연상시키는 형형색색의 화려한 외관이 시선을 사로잡는다. 해골 모양의 테라스와

까사 밀라

구엘 공원

뼈를 형상화한 기둥이다. **까사 밀라**는 밀라라는 사람이 까사 바트요를 보고 가우디에게 리모델링을 부탁해 만든 건물이란다. 바다의 파도를 건물에 가져와 둥글둥글하게 파도치는 모습에 미역 줄기를 묘사한 발코니의 모습은 혁신적이다. 건물의 내부와 옥상을 보기 위해 인파가 늘어서 있다. 입장료를 받는다는데 우리 일행은 차 안에서 사진만 찍는 것으로 만족한다.

마지막 여정. **구엘 공원**이다. 사그라다 파밀리아 성당과 함께 가우디의 최대 걸작으로 손꼽힌다. 구엘 백작이 전원주택을 지었으나 세채만 분양되어 어쩔 수 없이 공원

구엘 공원

143

사그라다 파밀리아 성당

이 되었다고. 경비실은 동화 속에 있는 과자의 집을 그대로 옮겨 놓은 모습이다. 그 앞으로 알록달록한 타일 조각으로 옷을 입은 도마뱀 분수와 그리스 신전을 모티브로 한 시장이 있다. 시장의 지붕 위에는 구엘 공원의 꽃이라 불리는 타일 벤치가 있는데, 마치 누워 있는 용이나 바다의 파도처럼 구불구불한 모습으로 관광객들을

구엘공원 도마뱀분수

동화 속으로 빠져들게 한다. 이곳에서 내려다보는 지중해의 모습은 해질녘에 더 빛을 발한다고.

늦은 아침, 이스탄불행 비행기를 탄다. 4시간 만에 도착한 이스탄불 공항은 IS 테러로 살벌해 보였지만, 낯선 체험에 대한 설렘은 계속된다. 겨울 여행지를 고르면서. 열 시간을 소요하여 인천공항에 도착했을 때는 8월 4일 오전 10시 35분이다.

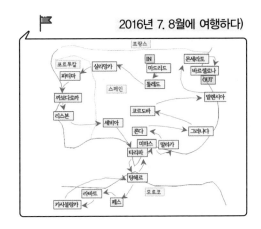

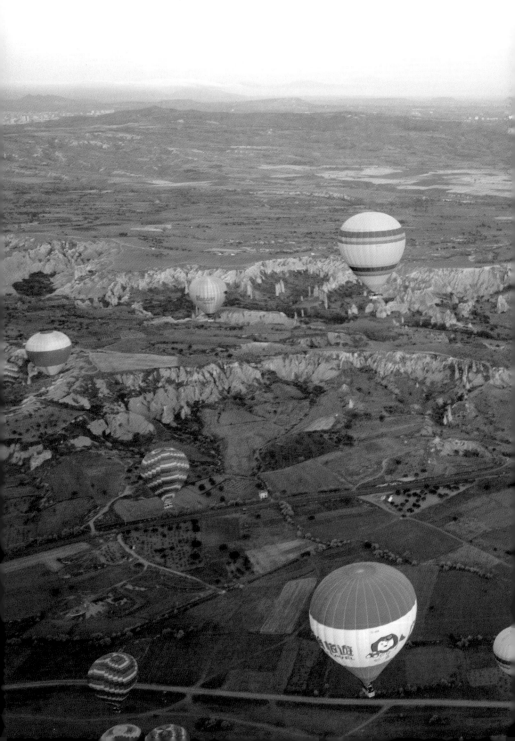

# chapter 4

터키

겔수스 도서관

# 동서양의 문화가 살아 숨 쉬는 곳.
# 신화와 성경과 이슬람의 나라

블루 모스크

# .1.

# 이름만 들어도 설레는 이스탄불!
# 불쌍한 프리아모스의 도시 트로이

이름만 들어도 설레는 **이스탄불!** 비잔티움, 콘스탄티노플, 이스탄불. 세 번이나 개명하며 영락을 거듭한 곳. 동서양의 문화를 모두 갖고 있는 매력적인 도시. 젖과 꿀이 흐르던 곳이었을까? 금은보화가 넘쳐나던 곳이었을까? 그리스, 로마, 돌궐은 왜 이곳을 그렇게도 탐을 내었을까? 1차 세계대전 시에는 3B 정책으로 베를린, 이스탄불, 바그다드를 잇겠다며 독일도 탐을 내었다. 연합군 또한 동서양의 교통의 요지로 얼마나 탐을 내었던가. 도대체 어떤 땅인지 눈으로 확인하고 싶었다.

신비 속의 이스탄불이 너무 궁금해서 얼마나 많은 자료를 찾아 헤매었던가. 성소피아 성당과 블루 모스크를 사진으로 볼 때에 구분하기가 어려워 답답했는데… 보스포루스 해협과 다르다넬스 해협의 위치를 기억하느라 힘들었는데… 알렉산더가 페르시아를 침공하러 가는 길에 해결한 고르디우스의 매듭 자리는 터키 어디쯤 있을까. 이제 몸으로 느끼고 긴 호흡으로 기억할 것이다.

고대 비잔티움이라고 불릴 때는 원주민이 살았겠지. BC 4세기 알렉산더의 점령으로 이 땅은 동서양의 문화가 융합된 비잔틴 문화를 형성한다. AD 4세기에는 콘스탄티누스 황제에 의해 동로마 제국(비잔틴 제국)이라 불리게 된다.

1453년에 돌궐족의 후예 튀르크 제국이 동로마 제국을 침략한다. 튀르크는 중앙아시아의 고원 지대에서 살았던 돌궐족인데 서쪽으로 이동하여 아나톨리아 반도에 자리를 잡는다. 처음에는 돌궐족 중, 셀주크 가문이 강해서 셀주크튀르크 제국을 건설하고 이슬람교를 받아들여 보다 강력한 제국을 이끌려 하지만, 오스만 가문에 주권을 빼앗긴다.

이후 오스만튀르크 제국이 터키를 지배하고 1차 세계대전 후에, 케말 아타튀르크를 대통령으로 하는 터키 공화국이 탄생하여 이슬람 문화권에서 가장 개방적인 나라가 된다. 터키는 영어식 명칭이고, 현지에서는 튀르크라고 한다.

1월 19일, 인천공항에서 9시 30분 출발이다. 아시아나에 몸을 싣고 12시간을 날아 **아타튀르크 공항**에 14:40에 도착. 비행기에서 내리자마자 모골이 송연해진다. 무장한 경찰들이 삼엄하게 경비를 서고 있다. 공항은 현실 그대로다. 작년 6월 28일에 이슬람 원리주의자들에 의해 총격과 폭탄 테러사건으로 300여 명의 사상자가 발생했다.

터키에 간다니 주변 지인들이 눈을 동그랗게 뜨고 무서운데 왜 가느냐고 걱정했다. 여행사들이 저렴한 가격에 경쟁을 하며 이제는 잠잠해졌다고 안심시키기에 목숨 걸고 왔는데 불안한 마음은 어찌할 수 없다. 현지에서 만난 가이드는 관광지는 시골에 있고, 테러단이 시골까지는 오지 않는다고 안심을 시킨다. 몹시 불안하여 빨리 공항만 벗어나면 편안할 것 같아 서둘러 밖으로 나온다.

이스탄불에 도착하는 즉시 가이드가 음식점으로 안내한다. 나름 정리된 식당이지만, 한식 이외는 잘 먹지 못하는 식성인지라 역시나 먹기 힘들다. 밥을 먹다 깜짝 놀란다. 창문 옆으로 블루 모스크 같은 건

물이 보인다. 설마? 가이드에
물으니 블루 모스크가 맞단다.
우리는 마지막 날 코스에 잡혀
있다고 한다. 여행은 순간순간
느끼는 감탄과 고마움이다.

그랜드 바자르

이스탄불 최대의 재래시장
**그랜드 바자르**로 간다. 이스
탄불에서 가장 규모가 크고
관광객들이 많은 곳이다. 돔
형식 천장 특유의 문양과 상인들의 이슬람 복장에서 터키에 왔구나를
실감한다. 그릇이 너무 예뻐서 그냥 지나칠 수 없다. 친절한 주인장을
믿고 몇 개 산다. 주인장이나 손님이나 짧은 영어로 주고받는데 주인장
은 상술인지 본심인지 대한민국을 너무 좋아한단다. 친절이 넘치는 주

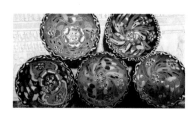

그랜드 바자르의 그릇들

인장의 상술에 비싼지 싼지 구분
도 못 하고 사고 보니 일행들은 나
보다 훨씬 싸게 샀다. 화가 났지
만, 주인장의 해맑게 웃는 모습이
떠올라 그냥 웃고 만다.

20일, 호텔에서 터키의 첫 아침을 규나이든(안녕하세요)으로 맞는다.
조식 후 마르마라 해안을 따라 네 시간을 달린다. 아시아 쪽 터키와 유
럽 쪽 터키를 가로지르는 바다를 마르마라해라고 한다. 마르마라해를
중심으로 흑해 쪽의 해협을 보스포루스라 하고, 지중해와 연결하는 해
협은 다르다넬스라 한다. 가이드는 마르마라해를 "말을 말어"라고 기억
하면 쉽단다. 기억하기 힘들었는데 고맙다. 재미있는 가이드다.

겔리볼루 항구

항구에서 파는 군밤

다르다넬스 해협을 건너기 위해 겔리볼루로 향한다. 겔리볼루! 케말 파샤! 역사의 현장에 서는 기분은 말로 표현하기 힘들게 묘하다. 제1차 세계 대전 시 터키 (오스만튀르크)는 독일 편에서 연합군과 싸우다 수모를 겪는다. 이때, 오스만튀르크의 장군 무스타파 케말 아타튀르크는 손톱을 지키기 위해 발가락을 내주었다고 가이드가 재미나게 설명한다. 손톱은 이스탄불이 있는 유럽 쪽 터키이고, 발가락은 에게해에 있는 300개의 섬이다. 이후, 이 섬들은 모두 그리스의 영토가 되었다. 항구에서 고등어 케밥으로 점심을 먹고, 군밤 아재에게 군밤도 산다. 아시아 쪽에 있는 트로이로 가기 위해 페리호에 탑승한다.

**트로이**에 도착하여 신들의 이야기를 전해주는 호메로스의 자취를 따른다. BC 13세기의 일을 BC 8세기의 호머는 멋들어지게 그려냈다. 5년 전에 읽은 〈일리아스〉를 떠올리며 트로이에 들어서는데 황량하다. 하긴 3,200년 전의 일이니 트로이의 터전이 존재한다는 게 다행이지. 사실, 이곳이 트로이일 거라는 정확한 증거는 없다. 독일의 슐레이만이 고증을 거쳐 트로이라는 확신을 얻어 발굴을 시작했고, 현재 진행 중이다.

일리아드는 트로이 왕족인 '일리온의 이야기'라는 의미다. 그래서 당시 그리스에서는 트로이를 일리아드라 불렀다. 호머의 〈일리아스〉는 트로이 전쟁의 원인인 파리스와 헬레네의 만남부

트로이

터 트로이가 망하는 부분까지의 이야기다. 트로이의 멸망이 안타까웠지만, 특히 파리스의 아버지 프리아모스가 큰아들 헥토르의 시신을 매장할 수 있게 해달라고 아킬레우스에 애원하는 모습은 잊을 수가 없다. 신들이 감히 범접할 수 없는 인간애가 보이는 부분이다.

고대 그리스 시대에는 모든 일에 신들이 관여한다. 트로이 전쟁도 신들의 전쟁이다. 아킬레우스의 엄마 테티스의 결혼식에 초대받지 못한 불화의 여신 에리스는 "가장 아름다운 자에게 황금 사과를 준다."라며 신들의 여왕 헤라, 전쟁과 지혜의 여신 아테나, 미의 여신 아프로디테에게 경쟁을 시킨다. 심판자인 트로이 왕자 파리스는 아프로디테를 택한다. 그에 대한 보답으로 아프로디테는 그리스 최고 미녀이며 메넬라오스의 부인인 헬레네를 트로이로 데려간다. 전쟁이 일어나기 전, 그리

트로이

스 도시 국가의 영웅들은 아름다운 헬레네를 차지하기 위해 경쟁을 한다. 헬레네가 누구를 선택하든 무슨 일이 있을 때는 영웅들이 하나로 뭉쳐 헬레네를 돕겠다고 맹세한다. 헬레네가 트로이로 갔기 때문에 그리스 도시 국가의 영웅들이 트로이 전쟁에 참여했고, 영웅 중의 영웅인 아킬레우스가 오디세우스의 도움으로 트로이를 함락시킨다.

트로이 성에 목마를 설치할 계략은 지혜로운 그리스의 오디세우스가 세운다. 하여 트로이 함락까지는 호머의 〈일리아스〉에, 목마 이야기부터 오디세우스가 10년간의 고난 끝에 집으로 들어가기까지는 〈오디세이아〉에 담겨 있다. 우리도 목마 속에서 오디세이아의 계략을 꿈꿔본다. 아킬레우스는 어디쯤에, 트로이 전쟁을 일으킨 트로이 왕자 파리스와 애인 헬레네와 파리스의 형 헥토르와 불쌍한 트로이 왕 프리아모스는 어디쯤에 있을까.

트로이에서 세 시간 달려 에게해 해변에 짐을 풀고 에게해의 푸르름을 마음껏 담아내기 위하여 멋진 포즈를 취해본다. 오늘의 행복이 붉은 노을에 물들어 가고 있음 또한 감사하다.

에게해에서 흩어져 있는 섬들을 본다. 이 **에게해**에서 얼마나 많은 피를 흘렸을까? 트로이 전쟁에서부터 영화 〈아라비아의 로렌스〉를 통해 보았던 전쟁들까지. 제1차 세계 대전이 진행될 때, 영국은 터키에 승리하기 위해, 아랍인들을 회유한다. 아라비아어에 능통한 영국의 로렌스를 장군으로 파견하고, 로렌스는 팔레스타인에서 근무하며 아라비아 옷을 입고, 그들처럼 행동하며 아라비아인들의 신망을 얻는다. 로렌스를 통하여 아랍인은 제1차 세계 대전이 끝나면 현재의 이스라엘 땅에 있는 팔레스타인을 정식 국가로 인정해 준다는 맥마흔 선언을 얻어낸다.

애게해

그러나 영국은 미국에 있던 유대인에게 전쟁이 끝나면 팔레스타인 땅에 이스라엘 국가를 세워주겠다는 밸푸어 선언을 이중으로 한다. 조국을 위해 일한 로렌스는 아라비아인들의 진심을 알고, 맥마흔 선언이 이루어지도록 노력하지만, 밸푸어 선언으로 로렌스는 눈물을 머금고 아랍 땅을 떠난다.

제1차 대전 이후로 팔레스타인 땅에는 이스라엘 국가가 세워졌고, 팔레스타인은 무자비한 이스라엘의 총칼 앞에 놓여있다. 제1차 세계 대전에서 엄지에 해당하는 이스탄불을 지키기 위해 그리스에 내준 에게해 섬들이 눈앞에 있다. 참 씁쓸하고 아픈 날이다. 날씨가 좋으면 그리스 본토가 보인단다.

# 그리스인들의 마을 쉬린제.
# 파묵칼레로 유명한 히에라폴리스

21일, 작은 산악마을 **쉬린제**로 간다. 15세기 그리스인이 형성한 마을로 600명의 주민 대부분이 그리스계다. 포도주로 유명한 마을로 산비탈의 오래된 돌길 위에 자리 잡고 있으며 흰

쉬린제 마을

회벽에 붉은 기와지붕 모습이다. 터키블루로 장식된 창문이나 오브제처럼 비치된 다채로운 테이블, 담장 아래 놓인 앙증맞은 화분들로 마치 동화의 나라에 입장한 기분 좋은 매력에 빠지게 된다. 안젤리나 졸리

쉬린제 마을

가 2006년 방문하였던 장소이고, 지구 종말론을 믿었던 브래드 피트가 가장 안전하게 살 수 있는 곳이라고 머물렀던 마을이라고 한다.

파묵칼레

　TV 화면에서 보았던 **파묵칼레!** 흰 솜을 펼쳐놓은 듯 새하얀 땅(석회석) 때문에 목화 성이란 뜻을 가진 파묵칼레. 터키어로 파묵은 목화를 뜻하고 칼레는 성을 의미한단다. 석회층이 패인 곳은 온천수가 흘러들어 가 해질녘에 이곳에 서면 붉은 태양이 온천수에 녹아 들어가는 모습이라고. 그 광경을 꼭 보고 싶지만, 우리는 패키지다. 터키의 대표적인 고대 도시! 일찍이 이곳에는 온천이 있었기 때문에 제의(祭儀)의 장소로 여겨졌고 성소가 있었다.

　BC 2세기 말에 로마는 이곳에 온천, 목욕탕, 사원, 대극장 등을 짓고 성스러운 도시라는 의미로 **히에라폴리스**라 불렀다. 휴양의 도시이자 상업의 도시로써 비잔틴 시대까지 번성하였으나 1

히에라폴리스

세기에 발생한 대지진으로 폐허가 되었다. 또한 예수의 제자 필립이 순

원형 경기장

교한 곳으로 전해진다. 가뭄이라 물이 적어, TV 화면보다 아름다움이 덜해서 속상하다. 여행복이 있다고 항상 자부하고 있었는데…

　파묵칼레는 현재도 복원 작업이 진행되고 있는데 출토된 유적들은 고고학 박물관에서 만날 수 있단다. 천천히 다 둘러보기 위해서는 하루 정도의 시간이 필요한 거대한 도시다. 위쪽에 있는 원형 경기장은 100m 아래 묻혀 있다 발굴되었는데 너무도 완벽하게 보존되어 있어 황홀할 뿐이다. 당장에라도 글레디에이터에 나오는 막시무스가 사자와 뒹굴고 싸울 것 같다. 경기장 아래에서는 며칠씩 굶주린 사자가 튀어나와 검투사와 혈투를 벌였다고.

# .3.

## 그리스 신화가 꿈틀거리고
## 크리스트교가 숨 쉬는 거대도시 에페소

에페소로 이동(약 3시간). TV
화면으로 보았지만, 깜짝 놀란
다. 이럴 수가. 정면에 장엄하고
도 화려한 고대 도시가 펼쳐진
다. 그리스 신화가 꿈틀거리고,
크리스트교가 같이 숨을 쉬고

에페소

있다. 에페소는 원래 히타이트 국가의 다신교 사원이 있던 곳이다. BC
11세기경 에게해 연안의 이오니아인들이 이곳에 정착하면서 도시가 건
립되었다. 소아시아의 수도이자, 기독교 초기 역사에서 빼놓을 수 없는
곳으로 사도 바울이 전도한 교회가 있었다. 세계 최대의 야외 박물관
이라 할 수 있을 것 같다.

맨 먼저 로마는 목욕탕 때문에 망했다는 말이 실감 날 정도로, 고대
인들이 많은 시간을 보냈다는 공중목욕탕을 만난다. 헤라클레스의 기
둥을 지나면 도서관으로 가는 쿠레테스 거리가 나오는데, 바닥이 대리
석으로 깔려 있다. 이렇게도 잘 살았을까. 어떻게 이렇게 잘 살 수 있었

에페소

을까? 궁금증과 감탄사만 연발하며 제우스상을 만나고, 월계관을 들고 있는 니케여신상, 그리스 로마의 치료의 신 아스클레피오스의 지팡이와 조우한다.

에페소 유적 중에서 가장 웅장하고 아름다운 **켈수스 도서관**은 137년에 총독 켈수스를 위해 세워졌다. 여기에 있는 신상의 얼굴이 거의 잘렸는데 이 도서관에 있는

켈수스 도서관

여신은 온전히 보관되어 있어 관광객으로서 감사하다. 로마가 크리스트교를 국교로 정하며 다신교의 신들을 파괴했으리라 짐작한다.

도서관의 지하는 홍등가와 연결되어 있는데, 대리석 길로 여인의 얼굴, 하트 모양 화살 표시, 발바닥 모양이 새겨져 있어 창녀가 자기를 PR하기 위해 만든 역사상 최초의 광고란다. "저는 젊고 아름다운 여인입니다. 저와 사랑을 나누고 싶은 사람은 이 화살표 방향으로 오세요.

163

이 발보다 큰 발만 오세요…" 하하하~ 모두 웃는다. 발의 사이즈를 맞추어 보고 크면 사랑도 하고 결혼도 하였다는 일명 성인 확인증 표였단다. 옆으로 공중화장실, 목욕탕, 바실리카, 유곽 등이 있다.

홍등가

오른쪽에는 스스로 신이 되기를 원했던 하드리아누스 신전이 멋스럽게 서 있는데, 정문 앞쪽은 트로이 전쟁의 영웅 아킬레우스의 어머니로 알려진 테티스 여신이 수호하고, 정문 뒤쪽은 메두사가 지키고 있다. 최소 3,000년이 넘은 건축일 텐데 지금도 멋진 자태를 뽐내고 있는 모습이 신기하다. 황성 옛터만 남아있는 아르테미스 신전은 파르테논 신전보다 4배의 규모로 세계 7대 불가사의 중의 하나였는데, 리디아에 의해, 재건된 것을 고트족이 파괴하였다고 한다. 참으로 아쉽고도 아깝다.

사도 바울이 이곳에 터를 잡으며 심한 박해를 피해서 기독교인들은 서로를 알아보기 위해 물고기 그림을 암호로 썼다고 하는데, 곳곳에 남아 있다. 북문 쪽으로 가면 BC 3세

그리스도교 집

기 헬레니즘 시대에 지어진 2만 4천 명 수용의 3층 **대극장**이 있다. 로마제국 때에는 검투사의 결투가 벌어지기도 하였고, 사도 바울은 기독교 선교 중에 이곳에서 수난을 겪었다. 크리스트교가 국교가 된 후, 431년에는 여기에서 마리아를 'Mother of God'으로 확인하였고, 예수의 제자 요한은 이곳에서 성모님을 모셨다고 한다.

하드리아누스 신전

# .4.

## 제우스의 별장 올림포스산.
## 지중해의 휴양 도시 안탈리아

제우스를 만나러 간다. 신화의 흔적을 찾아볼 수 있을까 기대를 하며. 우리 학교 선생님이 신혼여행으로 터키에 왔는데 지금 **올림포스산** 커피숍이란다. 새신랑도 만날 겸 이국땅에서 재회를 고대했지만, 어긋나고 말았다. 정상까지는 제우스의 산답게 4.3km이다. 정상에 세계 이정표가 있는데 아시아에서는 서울만 표기되어 있어 흐뭇하다. 우리 팀의 중학생 남자아이가 그리스 신화에 일가견이 있는 모양이다. 올림포스산은 그리스에 있는데, 터키는 이름을 가짜로 붙였다고 불만을 표한다. 글쎄. 어느 게 진짜일까? 나도 그리스의 올림포스는 제우스의 집이고, 여기는 제우스가 자주 놀러 와서 올림포스라고 이름 붙인 제우스의 산장 정도라고 생각했었는데.

인간에게 불을 준 이유로 제우스에게 미움을 받은 프로메테우스가 독수리에게 간을 쪼아 먹히는 코카서스 산도 터키와 훨씬 가깝다. 신화의 유물 또한 터키에 많은 걸 보면 터키가 진짜일지 모르겠다. 중학생의 질문이 신화에 대한 호기심을 흔들어 깨운다. 케이블카 안에서 중

166

올림포스 정상

학생은 제우스와 헤라의 동상도 찍었다고 자랑한다. 난 못 봤는데. 다시 가서 확인하고 싶지만, 그럴 수 없어 속상하다. 설산에서 큰 호흡으로 제우스의 흔적을 들이마시고, 휴양지인 지중해 해변 안탈리아로 떠난다.

　따뜻한 지역답게 **안탈리아 해변**은 관광객들로 취해 있다. 이곳은 BC 2세기, 도시로 터를 잡은 후, 비잔틴과 셀주크를 거쳐 오스만 제국의 영토가 되었다. 제우스도 만나봤으니 이제 해적들을 만나볼까? 다양한 해적선의 모습이 흥겨움을 자아낸다. 특히, 바

안탈리아 해변

다의 왕 포세이돈이 멋진 포즈로 우리를 반긴다. 지중해 해변의 장관은 해적선을 타야 제대로 볼 수 있다더니, 해적선에서 본 안탈리아 해

안탈리아 해변

변은 멋짐을 폭발한다. 2천 년 전 로마 시대에 세운 3중 성벽이 눈에 들어오고, 아름다운 풍경에 미소가 절로 나온다. 애국심이야 어디든 다르랴마는 터키는 어디 가나 국기가 펄럭인다. 음악이 흐르고 몸이 리듬을 타자 마도로스가 흐뭇한 미소와 멋진 동작으로 답례한다. 지중해! 어린 시절부터 보고 싶어 몸부림쳤던 지중해를 50 중반에야 (지난여름 스페인에서 모로코를 오가며) 보았는

안탈리아 해변

데, 터키에서 맞이하는 지중해는 또 다른 사랑스러움이다.

　해적선에서 하선하여 해안가로 나오니 터키에서 가장 아름답다는 카라알리올루 공원이 있고, 터키 공화국의 창시자 아타튀르크(무스타파

카라알리올루 공원

케말 파샤) 동상이 우뚝 서 있다. 이 공원의 여유로움과 화려함으로는 터키의 경제력은 막강하게 느껴진다. 바로 옆에는 안탈리아의 상징인 37m의 이블리 미나레(이블리 탑)가 보인다. 안탈리아에서 가장 눈에 띄는 적갈색의 높은 탑이다.

성벽 안 건물

성벽 안으로 들어서니, 고대 도시가 자리 잡고 있다. 이 또한, 놀라움이다. 이렇게 예쁜 고대 도시가 이 안에 있다는 게 신기하다. 아이스크림 아저씨가 우리의 방문을 격하게 환영한다. 우리는 보답으로 아이스크림을 먹는데 참 맛있다. 안탈리아의 구시가지인 **칼레이치**에는 고대 번성했던 성벽과 석탑이 골목마다 군데군데 남아 있다. 박물관에는 이 도시의 유적이 많이 있다는데 우리의 패키

성벽 안 아이스크림 아저씨

169

구시가지

지에서는 생략하여 그냥 지나친다. 130년에 로마 황제 하드리아누스의 방문을 기념하기 위해 세워진 하드리아누스의 문은 이제 막 지은 것처럼 깨끗하고 견고하다. 3개의 아치와 4개의 고린도식 기둥으로 세운 하드리아누스의 문은 지면보다 3m정도 낮은 위치에 있다. 하여 칼레이치의 땅 아래에 로마의 도시 유적이 더 묻혀 있을 가능성이 있다고 학계에서는 말한다고 한다. 나폴레옹이 터키에 올 때, 이 가운데 문으로 입성하였다고.

# .5.

# 수피춤을 떠오르게 하는 콘야.
# 기암괴석의 카파도키아

오늘의 일정은 여행의 하이라이트. 기암괴석으로 이루어진 카파도키아의 환상적인 세계로 가기 위하여 이슬람 색채가 강한 **콘야**를 지난다. 가게에 수피춤 기념품이 있어 몇 번을 만지작 거리다 샀는데 선택을 너무 잘한 것

콘야

같다. 터키 여행이 다 끝나도 그보다 좋은 수피춤은 보지 못했으니 말이다. 터키 춤은 극과 극이다. 너무나도 선정적이고 화려한 벨리댄스가 있는가 하면 삶을 초월한 모습의 수피춤이 있다. 벨리 댄스는 여성들의 춤으로 술탄 앞에서 간택 받기 위해 추었다는 설도 있고, 골반을 크게 하여 다산을 위해서 추었다는 설도 있다. 수피춤은 남성의 춤으로 욕심 없이 신과의 만남을 형상화한 춤인데, 빨려드는 묘함이 있다.

1453년 술탄 메흐메트가 40일간의 치열한 전쟁 끝에 이스탄불을 점령하여 동로마 제국을 무너뜨린 이야기를 들으며 만년설이 있는 1,800m의 토로스 산맥을 넘어 올라가는데 눈이 아름답게 내리고 있

백향목

다. 터키가 이렇게 눈이 많은 나라인지 몰랐다. 30센티 이상 쌓인 숲 속 눈길을 넘어간다. 숲 속은 온통 나무의 왕으로 불리는 백향목이다. 백향목! 책에서 많이 본 이름이라 반갑다. 솔로몬 성전을 지을 때, 레바논에서 가져왔다는 백향목이다. 벌레가 생기지 않고 단단하고 향기 좋은 백향목은 이집트 파라오 쿠푸왕(BC 3500년) 때도 레바논의 백향목을 가져다 사용했다 한다. 저 멀리 이슬람 사원과 마을들이 눈빛 속에 조화롭게 잘 어울린다.

드디어 카파도키아다. 버스 안에서도 카파도키아의 절경에 환호성을 지르지만, 버스에서 우리가 내린 곳은 **카파도키아**의 상징이 된 세쌍둥이 버섯 모양의 파샤바 계곡이다. 케말 파샤 장군

카파도키아-파샤바 계곡

이 처음으로 발견하였다 하여 붙여진 이름이라고 가이드가 설명한다.

카파도키아

　카파도키아를 제대로 보기 위해 젊고 멋진 청년과 사파리 투어에 나선다. 먼저 석실 교회가 300개 이상 남아 있는 괴레메 야외 박물관으로 향한다. 괴레메는 역사적으로 동굴거주지와 더불어 동굴 교회와 수도원들로 유명한 곳이다. 이곳 수도원은 그리스도인들의 육체적, 영적 도움을 구하고자 순례하는 중심지가 되었다 한다.

　화산이 폭발하여 암석을 이루고 그 암석을 파서 삶의 터전을 만든 사람들. 아나톨리아 고원의 중심부인 괴레메 우치히사르 일대를 카파도키아 지방이라고 한다. 1,500m에 걸친 기암 지대를 형성, 지상 최대의 비경을 이룬다. 버섯 모양의 기암괴석들이 가득한 젤베 계곡도 교회당과 거주지가 벌집처럼 형성되어 있다. 이곳에는 무슬림과 그리스도인들이 함께 살기도 해서

괴레메

젤베 계곡

무슬림 회당이 발견되기도 한다. 비
둘기집으로 가득찬 우치히사르를 관
광한다. 카파도키아 일대에서 가장
높은 지역이다. 수없이 뚫린 구멍 안
으로 많은 방들이 있고 현재까지도
사람들이 산 흔적이 보인다.

젤베 계곡

　우치히사르의 전경을 봐야 카파도키아에 온 보람이 있다고 가이드는
서두른다. 기념품 샵 앞의 낙타 한 마리는 사람들에게 인기쟁이다. 낙
타가 너무 지저분해서 가까이 하기가 무서운데 낙타는 사람을 찾아 스
스로 걸어온다. 버스를 타고 우치히사르를 마주 보는 마을에 올랐다.
와! 우치히사르의 모습이 큰 성채였음을 실감한다. 우치(가운데) 히사르
(성)이라는 뜻이라고 한다. 카파도키아는 고난의 상징이기도 하지만 현

우치히사르

대인의 시각으로 볼 때는 그리스 로마, 성서, 이슬람의 선물인 것 같다.
석양이 붉은색으로 물드는 로즈밸리(Rose Vally)로 간다. 해가 지면 마
을로 내려가기가 위험해진다 하여 아쉽게도 로즈밸리에서 로즈밸리를
보지 못하고 발길을 돌린다. 사파리 투어 후, 샴페인을 터트리고 인증
서를 받는다.

숙박한 곳은 카파도키아의 색을 경험할 수 있는 동굴 호텔인데 전등
그림자가 초승달이다. 이슬람의 상징을 전등으로 묘사하는 이 센스 또
한 설렌다. 여행은 가슴이 떨릴 때 해야 한다는 말이 진리인 것 같다.
터키! 카파도키아! 신앙을 지키기 위해 바위 속에 구멍을 파고 살았던
그들을 통해, 신앙의 의미를 되새긴다.

# .6.

## 카파도키아의 벌룬 투어. 지하도시 데린쿠유. 터키의 수도 앙카라

어젯밤에 깊은 잠을 자지 못했다. 터키에 가도 카파도키아에서 벌룬 투어를 하지 않으면 터키에 간 의미가 없다고 여기저기서 듣고 왔는데 어제 오후에 계획된 벌룬 투어를 못

벌룬 투어

했기 때문이다. 겨울에는 한 점의 바람만 있어도 탈 수 없단다. 우리가 보기엔 어제도 바람 기척도 없었는데 전문가가 보기엔 불가능했나 보다. 오늘 아침에 바람이 멎으면 탄다는데, 조마조마해서 뜬눈으로 밤을 새우고 창밖을 본다. 오늘은 가능하다고 가이드가 빨리 기상하라고 한다. 가슴을 쓸어내린다. 나는 여행복이 있으니까 당연히 탈 수 있다

벌룬 투어

고 믿고 있었지만. 새벽 4시에 기상. 5시에 버스를 타고 출발하여 **벌룬 투어** 현장에 도착했는데, 어마어마하게 춥다. 예전에 학교 선생님이 터키에서 벌룬 투어를 하다 추워서 바

176

벌룬 투어

지에 실례를 하고 말았다는 말을 들었기 때문에 몸이 굴러갈 정도로 옷을 입고 왔는데도 정말 춥다.

열기구라 하면 커다란 풍선으로만 생각했지, 이렇게 큰 풍선 아래에 커다란 바구니가 있는지는 생각을 못 했다. 그 속에 사람들이 옹기종기 타고, 거대한 불을 일으켜 그 불의 힘으로 움직인다. 열기구에 달린 바스켓에는 20명이 탈 수 있는데 바스켓 내부도 4등분으로 되어 있어, 사람들이 쏠림을 방지하게 만들어져 있다. 사람 키만 한 높은 바구니에 사다리도 없이 기어올라 타야 한다. 카파도키아의 하늘을 날아서 해를 맞이한다. 남한의 1/4에 해당한다는 카파도키아를 내려다보는 것은 1인당 지불한 170유로가 아깝지 않을 만큼 가슴 벅차다. 비둘기 계곡인 우치히사르의 하늘과 비둘기는 어쩜 이리도 멋지게 어울릴까. TV나 책을 통해 보지 않고, 여기서 처음 이런 세계를 접했다면 내 몸은 어떤 반응을 일으켰을까. 열기구 투어를 마치고 인증샷!

호텔에 돌아와 아침 식사를 하고 오늘의 일정인 지하도시 데린쿠유를 향해 출발한다. 카파도키아에는 200개에 달하는 지하도시가 있었는데 그 중 하나가 바로 데린쿠유다. 피난민이 늘어나면서 더 깊은 곳으로 들어갔고 복잡한 미로가 형성되었다. 긴급할 경우에는 다른 지하도시로 피신할 수 있는 지하 터널도 있다.

데린쿠유

데린쿠유

지하도시! 드디어 데린쿠유다. 괴레메나 우치히사르는 가정 단위의 집이라면 여기는 큰 도시다. 정말 지하 속에 도시가 존재한다. 헝가리 소금광산에서도 입이 벌어질 정도로 놀랐는데, 여긴 헝가리보다 훨씬 열악하다. **데린쿠유**는 깊은 우물이란 뜻으로 기독교 압박 시절 지하 20층 높이의 동굴 도시이다. 로마의 카타콤베와 비슷하다는데 카타콤베는 지하 공동묘지인 반면 데린쿠유는 피난처로 살기 위한 살림집이다. 지하 20층 아파트 형식의 데린쿠유. 개미집 같은 굴속에 교회가 있고, 마구간이 있다. 데린쿠유가 세상에 알려진 것은 1965년. 수탉 한 마리가 구멍에 빠진 후 나오지 않자, 마을 사람들이 땅을 파 보니 거대한 지하도시가 있었다고 한다. 기독교인들이 이곳에 석굴을 판 것은 5세기경으로 추정된다. 주변에 이보다 규모가 작은 지하도시가 30~40개 정도 더 있고, 그 지하도시들이 지하도를 통해 서로 10km 이상 연결되어 있다. 1985년에 세계 문화유산으로 등록되었다.

카라반사라이

하얀 눈이 덮인 산야를 달려 앙카라
로 향하는 도중, 실크로드 시대 대상들
의 숙소였던 **카라반사라이**에 들른다.
숙소라기보다 견고한 하나의 작은 성
이다. 여행의 편의를 제공하기 위해 예

카라반사라이의 오아시스

배실, 양구, 수의사, 구두 수선공, 이발사 등도 있었단다. 바로 옆에 아
주 큰 웅덩이가 있었는데, 카라반사라이 근처에는 반드시 이런 오아시
스가 있었다고. 세계에서 두 번째로 크다는 소금호수를 경유하여 경주
불국사 석가탑 모형을 한 한국전 참전용사탑이 있는 앙카라 한국공원
에 도착하여 용사들에 묵념하고 벨리 댄스를 관람하며 오늘의 일정을
마무리한다.

# .7.

## 유럽과 아시아를 가르는 보스포루스 해협.
## 이슬람의 상징 블루 모스크와 크리스트교의 성지
## 아야소피아 박물관.
## 케말 파샤의 돌마바흐체 궁전

이스탄불! 고대로부터 힘
있는 국가라면 모두가 넘보
았던 이스탄불. 다리우스
대왕의 호탕함이 들릴 것
같고, 알렉산더의 발자취가
눈에 보일 것 같고, 콘스탄

보스포러스 해협

티누스의 쟁취의 기쁨이 느껴질 것 같은 이스탄불. 동로마 제국을 건
설한 475년 즈음의 이스탄불은 페르시아 제국의 부유함이 남아있고,
헬레니즘 문화로 화려했었다. 세계를 호령하던 로마에서는 당연히 차지
하고 싶었겠지. 앙카라에서 이스탄불로 가는 길은 산맥 사이로 끊임없

보스포러스 해협

이 이어지는 비옥한 평야다. 6시간
을 달려 유럽과 아시아를 횡단한다.
그리고 지중해와 흑해를 연결하는
**보스포루스 해협**을 40분간 건너고
있다. 참 많이 오고 싶었다. 지도를

놓고, 마르마라해를 중심으로 흑해 쪽 해협은 보스포루스이고, 지중해 쪽은 다르다넬스라고 몇 번이고 되새기곤 했었는데… 여행은 감사함이다. 해안가에 보이는 블루 모스크, 소피아 성당이 벅찬 감동으로 다가온다.

터키의 끝 이스탄불에 도착하여 맨 먼저 찾은 곳은 바다를 메워서 만든 **돌마바흐체 궁전**이다. 1843년 크림전쟁에서 승리한 술탄이 베르사유 궁전을 본떠 지은 것이라 한다. 베르사유, 자금성과 함께 세계 3대 궁전이다. 6명의 술탄과 터키 건국의 아버지인 아타튀르크(케말 파샤)가 사용했으며, 침실에는 9시 5분을 가리키는 시계가 게시되어 있는 것이 특이하다. 이는 1938년 케말 파샤가 숨을 거둔 9시 5분을 영원히 표시하기 위해서라고 한다. 황제의 방은 56개의 기둥과

돌마바흐체 궁전

750개의 전등이 달린 4.5톤의 샹들리에로 되어 있으며, 계단의 손잡이 받침대가 베네치아제 크리스탈로 된 계단의 방 등 볼거리가 다양하다. 호기심으로 바라본 하렘은 조금은 실망이다. 아라비안나이트를 상상했기 때문이다. 오스만제국의 영광을 누려보려고 지었는데, 되려 경제적인 어려움 속에 몰락을 가져온 궁전이라니 아이러니하다.

블루 모스크 야경

드디어 **블루 모스크**에 발을 디딘다. 이슬람의 상징인 블루 모스크! 6개의 높은 미나렛을 코앞에서 보는데, 온몸에 떨림의 파도가 이어진 다. 옛날에는 이맘(기도를 주관하는 사람)이 꼭대기에 올라가서 커다란 목 청으로 기도를 외쳤다고 한다. 코란의 한 구절인 "알라는 유일하다"라 고 금으로 쓰인 문을 통해 실내로 입장한다. 역시 이슬람 문화다. 에스 파냐에서 본 톨레도 성당이나 세비야의 대성당과는 비교할 수 없이 소 박하다. 그래. 하나님이 원했던 것은 이런 소박함이었을 거다. 그래서 이슬람 사원에는 새, 동물, 사람 등을 제외하고 자연의 모습을 건축에 도입한다. 바르셀로나의 가우디 성당과 공원에 갔을 때에 가우디가 이 슬람의 아라베스크 양식을 도입해서 천재적으로 창조한 건 아닐까 하 는 생각이 들었는데 정말 그랬을지도 모르겠다.

블루 모스크는 오스트리아 합스부르크 왕국과의 13년 동안의 전쟁 을 끝낸 것을 기념하기 위해 술탄 아흐메트 1세에 의해 11년(1609~1619)

블루 모스크

블루 모스크 내부

동안에 지은 사원이다. 1천 년 전에 지어진 아야 소피아 성당보다 훌륭하게 지어야 한다고 아야소피아 성당 바로 앞에 세웠는데, 사진으로는 잘 구분이 되지 않았다.

일반적인 이슬람 사원에는 4개의 미나렛이 있는데 블루 모스크에는 6개의 미나렛이 있다. 내부에 2만여 개의 푸른 타일을 사용하였고, 260개의 스테인드글라스(stained glass) 아치형 유리창이 있어, 빛을 받으면 전체가 푸른빛이 돌아 블루 모스크란 이름이 지어진 것이라고 한다. 초록 양탄자는 에티오피아에서 선사 받은 것이며, 43m에 달하는 돔(dome) 천장은 4개의 육중한 대리석 기둥이 받치고 있다. 내부의 가장 중요한 부분인 미흐라브는 메카를 향하고 있다. 밖으로 나와 왼편으로는 술탄 아흐메트 영묘가 있다. 밤에 이스탄불 시내를 구경하고 가이드는 이스탄불의 상징인 이곳에 우리를 다시 안내한다. 낮에 본 블루 모스크가 웅장하다면 밤에 보는 블루 모스크는 따뜻하고 화사하다.

비옷을 가져갔는데 이렇게 요긴하게 쓰이다니. 비뿐만 아니라 추위까지 막아주니 모두가 부러워한다. 똑같은 모양이라 구별하기 어려웠던 블루 모스크 바로 앞에 성 소피아 성당이 있다. 내 코앞에 있다. 가슴 벅차다. 현존하는 대표적인 비잔틴 건축이라고 외웠던 **성 소피아 성당**! 정식 명칭은 '하기야 소피아 대성당'으로 성스러운 지혜의 의미이며, 로마의 성 베드로 성당이 지어지기 전까지는 세계 최대 규모였다고 한다. 그래. 들어가 보자.

성 소피아 성당

성 소피아 성당은 6세기에 유스티니아
누스에 의해 완성된 후, 비잔틴 양식으
로 1천 년 동안 그리스도교의 대표였다.
1453년 오스만 제국이 건국되고 500년
동안이나 이슬람 사원으로 사용되면서
모든 성화와 벽화 등이 회칠로 덮여 이슬
람 문형을 표현하였으나, 지금은 두 종교

성 소피아 성당

가 공존하는 **아야 소피아 박물관**이라 불리고 있다. 여기에 사용한 금
이 18톤이나 된다고 한다. 입구에 천국의 문과 지옥의 문이 있는데 당연
히 천국 문을 통과하여 들어가 보니 거대한 돔이 공중에 떠 있는 형상이
다. 기둥이 있는 블루 모스크 돔과 대조적이다. 성전 정면에 황금빛 문은
이슬람 성전으로 사용하던 시절에 메카 쪽을 향하도록 내놓은 황금 문
이, 오른쪽에는 설교단이, 왼쪽에는 술탄이 예배드리던 예배실이 있다.

성전 맨 꼭대기에는 성모 마리아가 예수님을 안은 프레스코화가 있는데 회칠로 덮어 버렸던 것을 이제 겨우 벗겨 반쯤 볼 수 있게 되었다고 한다. 2층 벽면에 12세기

성 소피아 성당

에 만들어진 것으로 추정되는 성화는 성서를 들고 있는 예수님을 중심으로 왼쪽에 마리아, 오른쪽에 세례자 요한이 인류 구원을 위해 기도하는 모습이 금빛으로 반짝이고 있다. 아직도 회칠을 덜 벗겨낸 채 중단한 것은 터키 이슬람교의 자존심 때문이란다.

청동 뱀 기둥

블루 모스크와 성 소피아 성당 뒤편에 있는 로마 시대 전차 경기장이었던 **히포드롬 광장**으로 간다. BC 4세기에 페르시아전쟁에서 승리한 고대 그리스는 델타에 세계의 배꼽을 뜻하는 청동 뱀 기둥(페르시아군의 창칼을 녹여서 만듦)과 옴파로스(돌)를 세웠단다. 청동 뱀 기둥은 콘스탄티누스에 의해 여기로 옮겨왔는데, 뱀의 머리 부분은 없어지고 몸뚱이만 남았다고. 그런데 1847년에 우연히 위턱 하나가 발견되어서 이스탄불의 한 박물관에 보관되어 있단다. 참으로 다행이다. 옴파로스는 여전히 델타에 그대로 있다. 이 광장에는 두 개의 오벨리스크도 있는데, 원통형은 테오도시우스 때 이집트에서 가져온 것이고, 벽돌탑은 콘스탄티누스를 기리는 오벨리스

히포드롬 광장–오벨리스크

크란다.

만남의 광장 탁심(Taksim)
으로 이동하는 길에 동로
마 제국을 마지막까지 지켰
던 **테오도시우스 성벽**(5세
기)을 만난다. 비록 버스 속

테오도시우스 성벽

에서 보고 지나쳤지만 이렇게 반가울 수가. 잠깐이라도 좋으니 멈춰서
성벽을 자세히 보고 싶은데… 패키지다. 콘스탄티노플을 난공불락으로
만든 성벽. 삼중 성벽으로 감히 어떤 무기로도 뚫을 수가 없었다. 어떤
과학자가 성벽을 뚫을 수 있는 대포를 만들어 동로마 제국에서 인정
받으려 했으나 거절당하자, 오스만 제국에 들어가 테오도시우스 성벽
을 뚫을 수 있었다는 이야기가 있다. 또 오스만군이 성문 뒤편의 산으
로 배를 옮겨서 상륙하는 바람에 무너지고 말았다는 이야기 등이 전한
다. 흔히 사공이 많으면 배가 산으로 간다고 하는데 실제로 배가 산으
로 갔던 기현상이 역사를 바꿨는지 모르겠다.

이제 탁심(Taksim)광장이다. 젊음
과 낭만이 넘치는 패션거리로 오드
리 헵번이 탔던 빨간 열차가 아직도
씽씽 달리고 있다. 142년이나 되었다
는 지하철을 타고 마르마라를 통과

탁심광장

하는 해저 터널을 건넌다. 아시아와 유럽을 가르는 보스포루스 해협의
카페에서 이스탄불 시내 야경을, 불빛 찬란한 모스크와 해협을 운행하
는 유람선의 모습들을 바라본다. 커피가 언제 이렇게도 달콤했던가.

187

# .8.

# 이슬람 문화의 진수를 보여주는
# 톱카프 궁전

　　이스탄불의 마지막 날이다. 이스탄불의 상큼한 바람과 겨울비를 안고 톱카프 궁전에 도착. 톱카프 궁전은 삼면이 바다로 둘러싸인 언덕 끝에 자리하고 있으며, 보스포루스 해협과 마르마라해가 시작되는 지점으로 대포를 포진해 놓았던 군사요지였다. Top(대포), Kap(문), Palace(궁전)에서 톱카프 궁전으로 불리게 되었다고. 톱카프 궁

톱카프 궁전

전을 보지 못한 자는 터키 관광을 제대로 하지 못했다는 말이 있을 정도로 톱카프 궁전은 이슬람 문화의 진수를 보여주는 곳이란다. 1467년 마호메트 2세 때에 완공되었고, 세계 곳곳에서 거둬들인 진기한 보물과 아름다운 헌상품을 전시한 곳이다.

제1정원은 병사와 무기가 있었던 곳이다. 정문에서부터는 술탄만 들어갈 수 있었는데, "제국의 문"이라고 금빛으로 쓰여 있다. 정문의 덧붙인 글에는 코란의 구절 "알라 외 다른 신은 없다. 무함마드는 알라의 종으로 쓰임 받는다."라고 쓰여 있다고 한다. 입장권을 내고 들어가는 입구부터 제2정원이 시작되는데 술탄 이외에는 말에서 내려서 이 문을 지나갔다고 한다. 나도 걸어서 지나가 본다. 또한 4,000여 명이 식사할 수 있는 식당에는 굴뚝이 28개나 있었다고 하니 이슬람 제국의 규모는 상상을 초월한다. 보통 세계 3대 음식으로 터키, 중국, 프랑스를 꼽는데 황제나 술탄을 위해 음식을 준비하는 과정에서 요리는 발전한 것 같다. 술탄의 후궁들이 지냈던 하렘도 제2정원에 있다.

제3정원에는 술탄의 접견실이 있었고, 제4정원은 바다와 인접한 곳으로 고전적인 오스만풍의 건축양식이 있는 궁전이다. 15세기 중반부터 20세기 초에 걸

술탄의 침실

쳐서 술탄이 거주하던 성이란다. 500여 년 동안 오스만 제국을 통치했던 36명의 술탄 중 절반 정도가 톱카프 궁전에서 살았다고 하니, 톱카프 궁전은 터키 이슬람의 전부라고 봐도 무방하겠다.

공항으로 가는 도로 한가운데에 멋진 수도교가 있다. 우리나라에 수도가 공급된 것은 20세기 초 고종황제 시절로 알고 있는데, 로마는 BC

시대에 수돗물을 공급하고 멀리에서 공수해 오기 위해 교량까지 만들었다. 2,000년이 지난 지금까지도 건재한 수도교. 로마의 건축술을 인정하지 않을 수가 없다. 〈로마인 이야기〉에서 로마 윗동네에 살고 있던 에트루리아인들이 건축술이 뛰어나 그들이 로마로 흡수되면서 로마의 건축술이 되었다는 내용이 있다. 로마에 가게 되면 에트루리아인들이 살았던 곳도 가 보아야겠다.

이스탄불 한복판에 있는 **발렌스 수도교**. 스페인에 갔을 때, 세계 제일의 세고비아 수도교를 보지 못해 무척 아쉬웠는데. 수도교 아래로 우리의 차가 지나간다. 1,500년이 지났는데도 견고한

발렌스 수도교

수도교를 바로 눈앞에 볼 수 있어서 참 다행이다. 4세기 로마 제국 발렌스 황제가 건설한 수도교로 20m 높이에 2층짜리 아치가 지탱하도록 석조 수도를 만들었다. 이 수도는 오스만 제국 시대에도 근처 수원지에서 물을 끌어다 구시가지까지 물을 공급할 정도로 오랜 기간 사용되었다. 당시 만들어졌을 때는 약 1㎞의 길이로 세워졌지만, 현재는 800m만 남아 있단다. 가까이서 수도교를 만져 보며 사진이라도 찍고 싶은데 미련은 버려야겠다.

이렇게 7박 9일의 일정을 마치고 아타튀르크 국제공항으로 간다. 이스탄불 공항에서는 단체 출국 수속이 안 되기 때문에 각자 짐을 부치고 비행기 티켓을 받아야 한다. 거꾸로 박힌 메두사가 있는 지하궁전도

정말 보고 싶었지만 신청자가 적어서 다음 기회로 미루어야 한다. 식수를 조달하기 위해 만들어진 저수지로 기둥들이 많고 화려해서 지하물궁전이라고도 불린단다. 메두사의 얼굴을 거꾸로 박은 것처럼 크리스트교가 국교인 로마 제국에서 건축물을 지을 때는 신전의 기둥들을 떼어다 아무렇게나 쓴 것 같다. 다

메두사 얼굴

시 오기도 어려운데…. 먼저 다녀온 아들 앨범에서 메두사 얼굴을 빌려와서 여기에 싣는다.


화창하고 맑은 날씨에만 여행의 즐거움이 있는 건 아니었다. 눈 오는 이스탄불, 비 오는 이스탄불. 눈과 빗속에서 함께한 이스탄불이기에 온몸에 가득가득 담아서 가지고 오기에 좋았다. 신화와 성서와 이슬람이 살아 숨 쉬는 박물관인 터키! 눈으로 확인할 수 있어 행복했고, 이곳을 여행할 수 있었음에 더욱 감사한 마음을 안고 공항으로 간다.

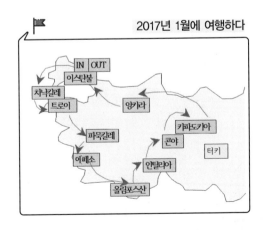

# chapter 5

(영국, 네덜란드, 벨기에, 룩셈부르크, 독일, 오스트리아, 이탈리아, 모나코, 스위스, 프랑스)

서
유
럽

콘스탄티누스 개선문

# 모든 길은 로마로 통한다.
# 포로 로마노에서 시작된 토론 문화로

서유럽에 간다. 서유럽! 꿈속에서도 몇 번이나 갔던 서유럽. 로마에 가서, 콜로세움을 만져보고, 카이사르가 걸었던 포로 로마노를 걸어보고, 세계에서 가장 웅장하다는 바티칸 성당을 봐야겠다. 로마 2대 황제 티베리우스가 기행을 벌였던 카프리섬에 가고, 폼페이 최후의 날을 현장에서 몸으로 느끼고, 피사의 사탑은 정말 기울어져 있는지 확인할 거다.

바다에 나무를 박아 세웠다는 베네치아의 모습은? 세상에서 제일 멋지다는 밀라노의 두오모 성당은? 런던의 대영 박물관에 가면 꼭 보고 싶었던 것들. 손으로 둑을 막아 도시를 세웠다는 네덜란드와 베네룩스 3국. 학구적일 것 같은 독일의 도시들. 프랑스의 루브르 박물관이 손을 벌려 나를 기다리고 있다.

# .1.

## 런던의 상징 웨스트민스터와 세계 역사의 보고 대영 박물관 – 영국

출발! 12시간의 비행에 런던 히 드로공항에 도착. 우중충하다. 비 가 온다. 여름인데, 창밖의 사람 들은 모두 검정 패딩에 칙칙하다. 그렇군. 런던이군. 런던을 상징하

런던의 거리

는 날씨를 보여주는군. 빨간색 공중전화 박스와 빨간색 이층 버스와 런던아이가 을씨년스러운 런던을 빛내주고 있다.

호텔에서 아침을 먹고 템스강을 오른쪽으로 끼고 런던의 중심부로 간다. 19세기 영국 산업혁명의 주 무대였다고 해서 기대했던 템스강! 우리의 한강을 생각했는데 참 작다. 조수간만의 차가 6m 이상이고, 배 들의 통과가 어려워 개폐식 다리를 세웠다고 한다. 1894년에 개통된 **타워 브리지**는 큰 유람선이나 화물선이 지나갈 때 다리를 열어 배를 통과시킨다. 문이 열리는 다리를 보고 싶다만 관광객이 보기에는 무리 겠지.

타워 브리지

웨스트민스터 사원은 서쪽에
있는 대성당이라는 의미. 7세기
초에 건설되어 여러 번 증축하면
서 현재의 모습을 갖추었다. 신앙
심만 깊고 정치에 관심이 없어서
참회왕이라는 별칭을 가진 에드
워드 왕이 죽은 후, 정복왕 윌리
엄이 왕위를 빼앗아 대관식을 치
른 곳. 1,000년 동안 왕의 대관식
이 이루어지는 중요한 장소다. 영
국 주요 성인의 무덤으로 사용되

웨스트민스터 사원

었고, 뉴턴, 찰스 다윈도 여기에 잠들어 있으며, 셰익스피어의 기념상
도 찾아볼 수 있다고 한다.

국회의사당과 빅벤

　많은 영화에서 런던을 상징하는 곳으로 등장한 **빅벤**은 크다의 big과 설계자 벤자민의 ben을 따서 합친 이름이다. **국회의사당** 일부로 1859년 재건축되었으며, 높이는 62m. 시계가 작동한 이후로 단 한 번도 멈추지 않았을 정도로 정확함을 자랑하며 15분마다 자명종이 울린다고 한다.

　놀이공원을 연상시키는 London Eye는 1999년 말, 21세기의 개막을 기념하기 위해 135m로 세워진 세계에서 가장 큰 대관람차다. 야경을 보기 위해 많은 사람들이 이용한다는데 우리

런던 아이

는 멀리서 바라보는 것으로 대신한다

버킹엄 왕궁

영국 왕실의 역사가 고스란히 담겨 있는 런던 타워에도 꼭 가고 싶었지만 우리의 패키지 프로그램에는 없다. 헨리 8세의 왕비 앤 블린이 간통죄로 처형된 곳. 〈천일의 앤〉이라는 영화가 눈앞에 아른거린다. 유네스코 세계 문화유산에 등록되어 있다.

근위병 교대식을 보기 위해, 버킹엄 왕궁으로 재빨리 이동한다. 원래는 버킹엄 공작의 대저택이었는데, 1762년 조지 3세가 왕비와

근위병 교대식

아이들을 위해 구입하면서 왕실의 건물이 되었다.

**버킹엄 왕궁** 오른편에는 영국을 해가 지지 않는 제국으로 만든 빅토리아 여왕의 기념탑이 있다. 현재 엘리자베스 여왕이 머물며 업무를 보는 곳이다. 때맞추어 근위병 교대식을 한다. 런던의 맑은 날과 함께 의장대 행렬을 볼 수 있다니 난 역시 여행복이 있다.

대영 박물관

　대영 박물관을 보지 못했다면 영국에 온 의미가 없었을 것이다. 유물을 약탈하여 세운 박물관이지만, 여러 나라의 역사를 남긴 영국의 공로는 인정할 수밖에. 1753년에 짓기 시작하여 1973년에 완성하였다한다.

　대영 박물관은 고대 이집트, 아시리아, 그리스, 로마의 유물과 서구 선사시대의 유물, 이슬람, 중국, 인도, 한국 등 동서고금의 문화유산을 모은 박물관, 미술관, 도서관으로 세계 제일의 규모다. 박물관 정면은 파르테논 신전을 모방하여 세웠기 때문에 파르테논 신전과 유사하다고 한다.

　입장하자 우리를 반기는 것은 **고대 이집트** 관이다. 안으로 들어서니 아멘호테프 3세의 두상이 정면으로 높이 있다. 반갑기보다는 쓸쓸함과 묘한 감정이 뒤엉킨다. 이곳을 찾는 이 집트인들의 마음은 굳이 되새기지 않아도 될 것 같다.

아멘호테프 3세의 두상

생명과 부활을 상징하는 쇠똥구리 풍뎅이도 우리를 반기는데 한몫한다. 멋을 한껏 낸 고양이는 목에는 호루스 목걸이를 하고 있다. 고양이를 신성시한 이유는 고양이는 다산을 하며, 곡식을 훔쳐먹는 쥐를 잡아먹기 때문에 풍요의 상징으로 보았기 때문이란다.

정말 보고 싶던 로제타 스톤을 만나다. 너무 반가워 여기저기를 어루만진 것은 모조품이고, 진짜는 유리관 속에 있다.

첫 14줄은 사제를 위해 상형문자로, 둘째 32줄은 신하를 위

로제타 스톤

해 민중 문자로, 마지막 52줄은 지배층을 위해 고대 그리스 대문자로 표기했다. 1799년 이집트의 로제타 지역에서 프랑스군이 발견하여 나폴레옹의 소유가 되지만 영국이 승리 후, 영국 소유가 되었다. BC 197년에 프톨레마이오스 5세를 찬양하기 위해 기록했다.

람세스 2세의 깨진 흉상. 참 잘생겼다. 미라가 있고, 묘에 같이 넣어준 사자의 서가 있다. BC 1400년의 테베의 고분벽화에서 발견된 네바문에서는 이집트인들의 기상을 느낀다. 네바문은 시대의 영웅 정도로 해석하면 좋을 것 같다. 고분벽화도 통째로 이집트에서 공수해온 모양이다.

람세스 2세의 깨진 흉상

파르테논 신전

고대 그리스관은 대영 박물관의 하이라이트라고 할 수 있다. 파르테논 신전을 뜯어다 전시했다. 신전의 조각들 하나하나 번호를 붙인 것이 독특하다. 그리스 신화에서는 신과 신이 결합하면 신을 낳고, 신과 인간이 결합하면 영웅을 낳고, 신과 동물이 결합하면 괴물을 낳았다. 그래서인지 그리스신화 속의 신과 영웅과 괴물들이 여기에 모두 모였다.

조각상

　　　　그 시대의 미술 감각에도 감탄하지 않을 수 없다. 조각상들이 걸쳐 입은 옷의 표현은 대리석이 아니라 그냥 그림으로 그려도 그렇게 섬세하고 아름답게 표현하기 어려울 것 같다. 5,000년이 넘는 세월의 시간에서 그 시대 예술가의 혼을 느낀다.

한쪽 측면에 BC 8세기에 전승하는 이야기를 고래 뼈에 기록한 것도 독특하다. 현재 로마의 기독교와 독일 민족들 사이에 전승되는 이야기가 여기에 기록된 내용들이라니 더욱 흥미롭다.

아시리아의 문화를 볼 수 있는 **고대 아시리아관**도 있다. 아시리아는 바빌로니아와 패권을 다투다 BC 900년경, 사르곤 2세 때에 바빌론 지역을 완전히 장악한다. 반인반수(얼굴은 사람이고, 몸은 동물)의 수메르 왕궁의 수호신 라마수 석상은 아시리아관에서 인기 만점이다.

라마수 석상

라마수 석상은 다리가 5개여서 배 아래로 다리 하나가 더 있다. 라마수 얼굴이 사르곤 2세의 모습이라고 학자들은 말한단다.

한쪽 구석에 **한국관**이 작게 자리하고 있다. 중국관은 어마어마한 규모이고, 일본관도 화려하다. 그래도 감사하다. 고대에서 현대에 이르기까지 우리 문화를 소개하고 있다. 특히, 전통 건축인 한옥은 서양의 돌문화에 비교되는 목조문화로 아름다움을 드러내기에 충분하다.

17시에 유로스타에 탑승하여 유럽의 시골 풍경을 감상하며 땅거미가 진 브뤼셀로 간다.

풍차 마을 잔세스칸스

# .2.

# 풍차의 마을 잔세스칸스와 운하의 도시
# 암스테르담 – 네덜란드

 네덜란드로 출발이다. 손으로 무너지는 제방을 막아 나라를 구한 소년은 어디쯤 살았을까? 이 소년의 충성심을 본받아야겠다고 굳게 다짐하곤 했던 어린 시절이 떠오른다. **네덜란드!** 하면 이 소년과 풍차와 〈안네의 일기〉가 생각나지만, 우리나라를 세계에 알린 〈하멜 표류기〉라는 책도 떠오른다.

 〈하멜 표류기〉는 네덜란드인 하멜의 자서전이며, 우리나라의 풍속화라고 할 수 있다. 1653년 제주도 해안에서 폭풍우를 만나 난파된 하멜은 동료 7인과 함께 우리나라에서 훈련도감의 포수로 살다 본국으로 돌아가 14년 동안의 한국에서의 생활을 유럽인에게 소개했다. 하멜은 우리나라에서 군역도 했지만, 감금과 태형 구걸 등의 모진 풍상을 겪으면서 살았기 때문인지 당시의 풍물과 풍속에 대한 기록이 좋은 이미지로 쓰인 것 같지는 않다.

 풍차의 나라! 육지가 바다보다 낮은 나라로 알려져 있어 궁금하기 이를 데 없었다. 잔세스칸스로 달려간다. 풍차 마을인 **잔세스칸스**는 인근을 흐르는 잔 강(Zean River)과 스페인과의 독립전쟁 때 보루라는 의

미의 스칸스(Scans)가 합쳐진 이름이다. 17
세기부터 풍차를 건설. 전성기에는 1,000여
대의 풍차가 가동하였으나 지금은 13대만
남아있고, 그중 1대만 4유로의 입장료로 관
광객의 볼거리로 가동한다.

참 예쁜 동네이다. 사방이 화보 촬영지다.
습지대라서 나막신을 신었기 때문에 나막신
이 관광의 중심을 이룬다. 다리 앞에는 소

풍차 마을 나막신

문난 빵집이 나오고 우측의 첫 번째 기념품 판매점에 들어가 보니, 각
종 치즈가 냄새를 풍기며 진열되어 있다.


점심을 먹고 운하로 이루어진 **암스테르**
**담**으로 달려간다. 물속에 잠긴 듯한 주거
지를 직접 확인하니 정말 신기하다. 12세
기 초에 늪지의 물을 퍼내기 위해 물레방
아 시설을 만들고 10여 킬로미터의 운하

운하

를 사람의 손으로 파고 수문 장치를 한 후, 운하 양쪽의 땅에 말뚝을
박아 3,000여 채의 집을 지었다고 한다.

지금의 왕궁도 만 4천여 개의 말뚝 위에 1653년에 건축된 것이란다.
러시아의 표트르 대제도 신분을 감추고 암스테르담에서 선박 건조를
배워서 습지대인 상트페테르부르크를 세웠다고 하니 놀라움의 연속이
다.

또한, 네덜란드가 오렌지색으로 대표되는 이유는 16세기 독립운동
당시에 오렌지 공(公)의 활약이 컸기 때문이라고 한다. 우리의 김구, 유
관순에 해당하는 분인 것 같다. 암스테르담에서 가장 유명하다는 빵집

자미마스지드 사원

에서 빵을 사 먹고 담 광장을 거쳐 운하 투어에 나선다.

아린 기억을 남긴 〈안네의 일기〉. 안타까움과 조바심으로 내 어린 시절의 감성을 자극했던 안네의 일기. 독일에서 태어난 유대인 소녀 안네가 나치의 박해를 피해 25개월 동안 암스테르담에서 숨어지내면서 일어난 일을 기록한 글. 스필버그 감독의 지원으로 복원되었다는 그녀의 집에 꼭 가보고 싶었지만, 우리 패키지에는 계획이 없다. 안네가 일기를 쓰던 다락방과 그녀의 유품을 볼 수 있다는데 아쉽다. 이 책은 1947년 안네의 아버지가 딸의 일기를 출간하면서 알려지게 되었다 한다.

가이드는 법적으로 허용된 홍등가 거리로 안내한다. 원래는 수도승 거리였다니 아이러니하다. 마리화나 같은 마약류를 커피숍에서 구입할수가 있고 공창인 홍등가가 허용되는 이상한 나라. 안네 프랑크의 집과 박물관이 거리의 경계선에 있는 것을 확인한다. 바로 이곳이 "비록 내일 지구의 종말이 와도 나는 오늘 한 그루의 사과나무를 심겠다."던 철학자 스피노자의 고향이라며 가이드는 어깨를 으쓱한다.

# .3.

# 오줌싸개 동상의 브뤼셀 – 벨기에.
# 성채도시 룩셈부르크

 브뤼셀에 오다. 네덜란드와 달리 고풍스러운 건물들이 많은 브뤼셀은 외국인이 1/4이라는 국제도시. 초콜릿의 본고장답게 거리마다 초콜릿 가게다. 검은 황금이라 불리는 초콜릿의 달달한 맛에는 벨기에가 감추고 싶은 역사가 담겨 있단다. 19~20세기 콩고는 벨기에의 식민지였다.

 벨기에는 콩고인이 고무 채취의 할당량을 채우지 못하면 고무 테러라 불린 대참사극(사지를 자른)을 벌였다. 2차 대전 때에 독일의 침공으로 벨기에가 학살극을 당했으니, 역사는 인과응보가 맞나 보다. 초콜릿의 대명사 고디바는 백작 부인인 고다이버의 이름에서 따온 것. 백작이 세금을 과다하게 징수하자, 부인은 세금을 감면해 달라고 청했고, "벌거벗은 몸으로 마을을 한 바퀴 돌면 세금 감

그랑 플라스 광장

그랑 플라스 광장

면을 고려하겠다."는 백작의 말에 부인이 나체로 말을 탄 채 마을을 한 바퀴 돌아 백작이 세금을 감면했다는 미담이 전해진다.

도심의 정중앙에 위치한 그랑 플라스는 빅토르 위고가 세계에서 가장 아름다운 광장으로 칭송한 곳이라 한다. 시청사 중앙탑에는 96m의 미카엘상이 수호성인으로 브뤼셀을 보호하고 있다.

네덜란드와 벨기에는 연합 왕국이었으나 두 지역 간에 갈등이 많았다. 신교도가 많은 네덜란드는 자유 무역을 선호했고, 가톨릭이 많은 벨기에는 보호 무역을 주장했다. 1839년에 벨기에는 분리 독립을 선언한다. 현재 둘 다 입헌군주제다.

만지면 평생 병에 걸리지 않는다는 청동상이 있어 서슴없이 우리도 동참한 후, 그랑 플라스 안쪽으로 들어간다. 정말 작은 동상이 있다. 이게 바로 그 유명한 오

청동상

줌싸개 동상이란다. 60m 정도 될까. 이렇게 조그만 것이 벨기에의 유물이라니. 놀라움이다. 1619년에 제작되어 유출되기도 했으나, 루이 15세는 오줌싸개를 반환하면서 금으로 만든 의상을 입혀 보냈단다. 그 후 세계 각국에서 고유 의상을 보내와 600벌 옷 부자가 된 오줌싸개는 축제일에 의상을 입는다고 한다.

오줌싸개 동상

미카엘 성당

미카엘 성인이 보호하는 나라답게 미카엘 성인이 곳곳에 있다. 대성당도 성 미카엘과 성녀 구둘라 대성당이다. 벽화 또한 관광객을 기분 좋게 한다. 화가가 많은 나라인가 보다. 참 좋다. 이 조그만 나라에 EU 본부가 있는 것도 참 신기하다. 룩셈부르크로 간다.

룩셈부르크는 유럽에서 작은 나라 중의 하나이자, 북해 연안 저지대 국가 중 하나다. 수도와 국가 이름이 같은 나라. 문맹률이 아주 낮고 부유한 나라. 1인당 국민소득 세계 1위. 금융산업으로 부자가 되었다 한다. 주말에 시내 트램이나 버스, 가까운 교외까지 교통비가 무료란다.

룩셈부르크 거리

룩셈부르크 성채

룩셈부르크로 가는 버스에서 베네룩스 3국에도 산이 있다는 것을 확인한다. 베네룩스 3국 모두 10세기에 건국된 입헌군주 국가로 5세기까지는 로마의 지배, 2차 대전 때는 독일의 점령을 겪었다.

룩셈부르크 성채

룩셈부르크는 300여m 절벽에 위치한 성채도시로 1,000년의 역사를 간직한 유서 깊은 곳이다. 성벽에 쓰여있는 963~1963은 이 나라의 역사를 보여준다. 건국 1,000년을 기념하여 1963년에 이 성벽에 글씨를 새겼다.

보크 포대는 대포를 쏠 수 있는 세계에서 가장 긴 벙커로 3,500명까지 들어갈 수 있다 한다. 외세의 침략을 막기 위해 만들어진 보크 포대는 유네스코 세계 문화유산으로 등재되어 있는데, 우리의 패키지 상품은 아니라서 내려가서 보지 못해 무척 아쉽다. 성벽에서 바라보이는 계곡은 고풍스러움에 아름다움까지 더해져 경치가 일품이다.

아돌프 다리

요새 안의 구도시에는 멋진 왕궁이 있다. 성벽에서 사진을 찍다 내려가는 길을 혼동하여 왕궁의 온 담장을 일행 5명과 정신없이 뛰다가 팀원들의 눈치를 받는다.

버스로 2분 정도 내려가니 노트르담 대성당이 있고, 헌법 광장과 아돌프 다리가 있다. 광장을 중심으로 작지만 번화가도 있으며, 잘사는 나라임에도 왕궁은 금빛 장식 하나 없이 수수하다. 세계 최대의 석조 아치로 유명했다는 아돌프 다리에서 계곡을 내려다보는 경치 또한 장관이다.

하이델베르크에 가기 위해, 프랑크푸르트의 뢰머 광장으로 간다. 뢰머 광장의 인기 상품 햄버거를 먹어보고 라인강과 이름이 흡사하여 혼동한 라인강의 지류인 예쁜 마인강도 산책해 본다.

노트르담 대성당

# .4.

# 철학의 도시 하이델베르크,
# 로맨틱 가도의 핵심 로텐부르크 - 독일

하이델베르크 성

아! 어쩌면 꿈보다 더 꿈결 같은 고풍스러운 성이 그곳에 있었다. 케이블카를 타고 성안으로 입장한다. 하이델베르크 성은 독일 남서부에 위치하며 약 14만 7천여 명이 살고 있는 도시로 대학 도시와 관광 도시로 유명하며, 사계절 아름다운 전경을 자랑한다.

이 아름다운 곳에서 독일 대문호 괴테는 유부녀와 뜨거운 사랑을 나누며 독일 문학의 기둥이 되는 〈파우스트〉를 썼고, 법학도였던 슈만은

213

인고와 고난의 시간을 겪으며 음악의 길을 가게 되었다 보다.

**하이델베르크 성**은 1225년 축조된 이래 증축을 거듭하였고, 독일 낭만주의를 대표하는 건축물이자 하이델베르크를 대표하는 성이란다. 1537년 낙뢰를 맞아 파괴되자, 산허리에 있던 성을 재건하면서 현재의 위치로 옮겨 왔고, 제2차 세계 대전 이후에 원래의 모습으로 복원되었다.

18~19세기의 의료용품을 전시하는 독일 약제 박물관이 있으며, 성의 지하에는 1751년에 만들어진 높이 8m의 거대한 술통이 있는 술 창고가 있다. 이 술통은 전쟁 때 식수가 부족할 것을 대비해 와인을 채워 놓은 것이라고 하는데, 22만 리터의 술을 담을 수 있다고 한다. 지금도 와인을 팔고 있으니 기념으로 한번 마셔 보는 것도 좋다지만, 난 와인과 친하지 않아서 사양한다.

약제 박물관

술 창고

베란다로 나가자 니체가 앉아 시를 썼다는 니체의 의자가 있다. 정말 반갑고 고맙다. 나도 니체와 동급이 되어 그의 의자에 앉아본다.

니체의 의자

공주를 사랑한 석공이 왕에게 들키자 뛰어내리다 새겨졌다는 발자국도 있고, 선 채로 벌을 받아야 하는 학생들의 감옥도 있다. 헤겔, 야스

퍼스, 하이데거 등 철학자들이 걸으며 영감을 얻었다는 산책길을 따라 나도 동참해 본다. 큰 호흡으로 철학자들의 숨결을 느껴보고, 슈만의 멜로디를 들어본다.

카를 테오도어 다리

입구에 있는 원숭이상

철학자와 예술가들이 사랑한 도시. 하이델베르크. 카를 테오도어 다리로 간다. 옛 다리라고도 불린다. 다리 양쪽으로 원숭이 동상과 아테네 여신상, 다리를 세운 테오도어상과 하얀 쌍둥이 탑문이 있다. 원래 나무다리였는데, 18세기에 지금의 모습으로 세워졌다. 입구에 있는 원숭이상에 소원을 빌고, 런던에서부터 이상 기온으로 12도로 떨어져 상가에서 8만 원 상당의 패딩을 산다.

히틀러의 딱딱함과 하이델베르크의 학문의 나라로 인식되었던 독일에 이런 로맨틱한 곳이 있다니. 로맨틱 가도의 핵심 **로텐부르크**는 중세의 보석이다. 황제의 자유 도시라는 자격을 부여받은 유서 깊은 곳. 2차 세계 대전 때 일부 파괴된 것을 복원하여 15세기의 삶의 모습을 그대로 보여 준다.

로덴부르크 성문

로덴부르크 성문 안 마을

로덴부르크 마을

그 시대에 이렇게 예쁘게 살았다니. 와~ 놀란 입을 다물 수가 없다. 입구부터 굴뚝 같이 높이 솟은 웅장하고 멋진 성! 동화의 나라다. 크리스마스를 위한 가게는 로텐부르크를 더 로맨틱하게 해주어 두 눈이 동그래질 수밖에. 현재 주민들이 거주하고 있다. 성을 나오니, 일행인 해피바이러스 수원댁이 또 춤을 추잖다. 동참한다.

# .5.

# 백조의 성이 있는 퓌센 - 독일

노이슈반슈타인 성! 동화의 세계에 드디어 입성한다. 로맨틱 가도의 종점이며 디즈니랜드의 모델이기도 하다. 백조의 성으로 유명하다. 왕자, 공주, 마녀가 나올 것 같은 날씨인데, 여기 날씨는 하루에도 몇 번의 조화를 부린단다.

노이슈반슈타인 성

호엔슈방가우 성

호엔슈방가우 성은 노이슈반슈타인 성과 마주 보고 있는 골짜기에 있으며 1836년 루트비히 2세의 아버지가 세운 성이다.

비바람이 갑자기 부니 성의 모습은 흡사 폭풍의 언덕의 성과 같다. 내부 입장은 못 하고 스위스 못지않은 경치를 자랑하는 호숫가에서 여행객의 포즈로 사진을 찍는다.

# 황금 지붕이 빛나는 인스브루크 – 오스트리아

인스부르크다. 푸니쿨라를 타
고 올라간다. 구시가지는 마리아
테레지아 거리를 중심으로 길게
뻗어 있는데 크기가 아담해서 가
볍게 산책할 수 있는 공간이다.

마리아 테레지아 거리

마리아 테레지아 거리를 따라 북쪽으
로 쭉 올라가다 보면 특이하고 화려한 황
금 지붕이 빛나고 있다. 인스부르크의 상
징이라고 할 수 있는 황금 지붕. 원래는
발코니가 없는 평범한 건물이었는데 16
세기 합스부르크가의 막시밀리안 1세 황
제가 광장의 행사를 관람하기 위해 증축
했다. 기와 2,657개로 이루어진 금박 지
붕에는 황제와 여왕의 글이 새겨져 있다.
마침 황금 지붕 아래에서 음악 밴드 공

인스부르크

연과 퍼포먼스가 한창이다. 멋들어지게 행사를 진행하는 오스트리아 소녀와 다정한 포즈도 취해본다.

인스부르크는 오스트리아 서쪽에 위치한 작은 도시로 인(Inn)강 위의 다리라는 뜻. 인스부르크는 대자연의 경이로움은 물론 유럽 전역에 이름을 떨쳤던 합스부르크 왕가의 문화유산이 곳곳에 산재해 있는 유서 깊은 곳이며, 겨울 스포츠의 메카로서 동계올림픽을 2번이나 치른 곳이다. 어디에서든 알프스산이 눈에 들어온다.

개선문은 마리아 테레지아가 둘째 아들의 결혼을 축하하기 위해 지었다는데 안타깝게도 아들 결혼식 날, 그의 남편 요제프 황제가 사망하게 되었다고 한다. 그래서 한쪽 면은 아들 결혼의 축하, 한쪽 면은 남편의 죽음을 애도의 의미가 있다. 자연과 음악

개선문

의 아름다움을 통째로 선사하는 인스부르크와의 만남은 사랑이다.

시골 마을

인스부르크 근교의 작은 시골 마을에서 하룻밤을 지낸다. 작고 예쁜 동네. 시골의 정겨움과 도시의 화려함을 갖춘 곳. 소똥 냄새도 나지만, 모두가 포토존인 마을. 사진도 그림 같다.

# .6.

# 말뚝을 박아 세운 도시 베네치아
# - 이탈리아

베네치아로 간다. 설레는 마음은 진정하기 어렵다. 〈동방견문록〉의 마르코 폴로와 〈사계〉의 비발디의 고향이고 셰익스피어의 〈베니스의 상인〉의 무대이다. 베니스에는 상인이 정말 많을까? 〈베니스의 상인〉을 통해서 유대인은 도깨비 뿔을 달고 사는 마귀라고 인식했던 어린 시절이 떠올라 웃음이 난다.

물의 도시인 베네치아는 세 개의 섬으로 이뤄졌으며, 거대한 고래가 집어삼키고 있는 형상이다. 베네치아는 '나에게로 오라'라는 뜻을 지니고 있고, 120개의 섬이 400개의 다리로 이

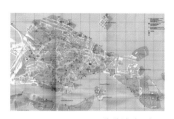

베네치아 지도

어졌으며, 세계 7대 불가사의 하나로 약 150만 개의 말뚝 위에 세워진 수상 도시. 450년경 훈족왕 아틸라에 쫓긴 라틴인들이 갯벌에 백향목 말뚝을 박아 돌을 쌓아 만든 것이 베니스 역사다. 이 역사의 현장에 발을 디딘다.

황혼녘의 곤돌라는 사람을 황홀하게 만든다 하여 부푼 기대를 안고

승선한다. 물 위로 해가 지는 저녁놀은 황홀하다 못해 쓸쓸하다는데 지금 이곳은 뜨거운 한낮이어서인지 기대가 너무 커서였는지 실망만 큰 곤돌라 여행! 해질녘에 왔어야 했는데. 아유 속상.

베네치아

아드리아해를 향해 힘차게 달리는 수상택시에서는 기대하지 않았던 매력을 느낀다. 일찍이 동서교역을 활발히 하여 지중해 상권을 장악했던 곳. 십자군 전쟁에서 서로마군이 쟁탈하고 싶었던 곳임을 수상택시를 타며 체감한다.

산 마르코 광장

나폴레옹이 '세계에서 가장 아름다운 응접실'이라고 극찬한 **산 마르코 광장** 주위에는 하얀 대리석의 열주가 늘어서 있다. 종교, 정치집회의 장으로 사용되었다고 한다. 비둘기 떼가 날아와 손과 머리 위에 앉으며 반겨주기에 고마운 마음으로 함께 기념 촬영을 하자 포즈를 취하는 듯 신나게 날갯짓을 해댄다.

성 마르코의 유해를 안장하기 위해 세운 납골당이 현재의 **산 마르코 성당**. 완성된 것은 11세기. 성당 내부에는 13세기 베네치아 십자군

수상택시에서

이 콘스탄티노플에서 가져
온 청동 기마상(진품)과 아
름다운 보석으로 만들어
진 팔라 도로(제단화)가 있
다는데 외부에서 보는 것
으로 만족한다.

산 마르코 광장 한쪽에
있는 시계탑은 15세기 말
에 설치했다는데 모던하면

산 마르코 성당

서 예쁘다. 시계탑 왼쪽에는 구법정이, 건너편에는 신법정이 있다.

두칼레 궁전은 9세기경 통치자의 관저로 세워졌다가 베네치아 공화
국의 청사로 쓰였다. 화재로 소실되었다가 15세기경에 재건되어 지금은
박물관 등으로 일부가 공개된다. 궁 광장에 서 있는 날개 달린 사자상
은 산 마르코 성인을 상징하는 베네치아의 수호상이다.

두칼레 궁전

리알토 다리

베네치아의 좁은 골목을 지나 **리알토 다리**로 향한다. 가이드가 자유롭게 다녀오라면서 또라이만 기억하란다. 리알토를 거꾸로 말하는 거라고. 리알토 다리는 대운하의 중간쯤 폭이 가장 좁은 곳에 놓인, 베네치아에서 가장 유명한 다리다.

두칼레 궁전과 감옥을 이어 주는 **탄식의 다리**. 궁전에서 재판을 받고 감옥으로 가던 죄수들이 한숨을 쉬는 곳이라고 해서 붙여진 이름. 지하 감옥은 홍수가 나면 물에 잠겨 버리기 때문에 감옥에 들어가면 다시는 돌아오지 못한단다.

탄식의 다리 곤돌라

224

카사노바는 베네치아 출신인데, 워낙 잘 생기고 언변이 뛰어나 풍기문란죄로 감옥에 갇히지만, 가면무도회 때 매수한 간수로부터 가면을 받아 자연스럽게 감옥을 빠져나갔다

가면 상점

고 한다. 1년에 한 번 가면을 쓰고 남녀가 만나는 날이 있다는데 이는 1162년 베네치아가 승리한 기념으로 시작된 카니발에서 유래했으며, 십자군 원정대가 데려온 이슬람 여성들의 베일에서 착안하여 가면을 만들었단다. 카사노바는 탈출 후, 산 마르코 광장의 플로리안 카페에서 커피도 마시고 갔다고 하는데, 그 카페는 아직도 영업 중이다.

아쉬움을 뒤로하고 숙소로 오는 길에 남편은 일행이 준 과자를 먹고 바로 급체했다. 해열제에도 열이 내리지 않는다. 덜컥 겁이 나고 무섭기까지 하다. 밤새 물수건으로 열을 식혀주려 노력하지만, 고단한 하루에 별빛이 젖어 침대 끝으로 들어온다. 그렇게 이탈리아의 밤은 깊어간다.

# .7.

# 르네상스의 고향 피렌체와
# 슬로시티 운동의 발상지 오르비에토 - 이탈리아

르네상스의 발상지. 꽃의 도시 **피렌체**(플로렌스)로 간다. 정치 사회적 무대였던 시뇨리아 광장과 프레스코화로 유명한 꽃의 성모마리아 대성당인 두오모 성당, 조토의 종탑, 단테의 베아트리체를 만날 것 같은 베키오 다리…. 떨리는 기대감은 끝이 없다.

메디치 왕국의 행정 일을 했던 곳이 지금의 **우피치 미술관**이다. 미술관 앞의 주랑에 28인의 조각상이 벽감에 새겨져 있다. 르네상스를 움직인 미켈란젤로의 모습을 눈으로 새기고, 〈신곡〉으로 전 세계의 문학사를 뒤흔든 단테의 이미지를 가슴

우피치 미술관

에 새긴다. 실내에는 르네상스의 미술이 있다는데 패키지의 설움으로 또 못 본다. 보티첼리의 〈베누스의 탄생〉은 꼭 보고 싶었는데……

피렌체는 베네치아, 밀라노와 함께 3대 공국으로 위세를 떨쳤고 메디치라는 가문의 힘으로 르네상스를 주도하여 유럽의 문화와 지성을 선

베키오 다리

도한 영웅들을 배출했다. 레오나르도 다빈치, 미켈란젤로, 브루넬레스키, 단테, 마키아벨리, 갈릴레오, 보티첼리, 미켈란젤로의 스승 기를란다요, 아메리카 탐험으로 미국 이름을 정하게 된 아메리고 베스푸치, 교황 2명, 왕비 2명 등등.

브라질은 브라질우드가 많다는 이유로, 베네수엘라는 베네치아와 닮았다는 이유로 국가명을 지은 것처럼 유럽에서는 이름을 아무렇게나 짓는 것 같다. 단테를 통해 알게 된 베키오 다리도 '오래된'의 뜻이라니 재미있다.

드디어 **베키오 다리**. 단테는 9살의 베아트리체를 여기에서 처음 만났다는데, 그녀는 어디쯤에 서 있었을까? 다리에는 보석상으로 가득한데 원래는 푸줏간 자리였다고 한다. 다리 끝에서 만난 멋진 흉상의 주인공은 못 하는 게 없는 첼리니라는 금 세공사. 시뇨리아 광장에 있는 코시모 데 메디치 청동상과 메두사의 머리를 든 페르세우스도 첼리니의 작품이란다.

첼리니 동상

227

시뇨리아 광장

이제 **시뇨리아 광장**으로 간다.
공화정 통치권 등의 뜻이 있는 시뇨
리아 광장은 베키오 궁과 우피치 미
술관을 품고 있는 넓은 광장으로 메
두사의 머리를 들고 있는 페르세우
스상, 사비니 여인의 납치상 등이 있
고, 광장 중앙에는 넵튠의 분수도

페르세우스상과 사비니 여인의 납치상

있다. 르네상스의 발판을 만들어준 메디치 가문의 영웅 코시모 데 메
디치의 동상이 한가운데 자리한다.
　광장 입구에 피렌체 공국의 정부청사로 쓰이던 베키오 궁전이 있다.
궁전 앞에는 미켈란젤로의 다비드상(모조품)과 헤라클레스상이 좌우로
놓여있다.

　단테가 세례를 받았다는 팔각형 **산 조반니 세례당.** 미켈란젤로가
천국으로 들어가는 문 같다고 감탄하여 천국의 문으로 불리고 있는 로

렌초 기베르티가 만든 산 조반니 세례당의 동문. 정말 천국으로 들어가는 문이 맞다. 정교하고 화려해서 눈을 뗄 수가 없다. 10구획 속에 성경의 역사가 청동판에 금도금한 부조로 새겨져 있다.

실내의 천장은 돔 형식으로 되어 있으며, 예수의 생애가 그려져 있다는데 입장하지 못해 또 아프다. 세례당의 실내 사진은 아들이 찍은 사진을 보며 위로한다.

산 조반니 세례당

브루넬레스키

세례당 동문 경쟁에서 기베르티에게 떨어졌지만, **산타마리아 델 피오레 대성당**(피렌체 대성당)**의 쿠폴라**(돔)를 만든 브루넬레스키! 로마 판테온의 돔에서 힌트를 얻어 설계했다고 한다. 자신이 건축한 돔을 보는 브루넬레스키는 성당 정문의 오른쪽의 조각상. 왼쪽은 기베르티.

피오레 성당의 쿠폴라 천장에는 최후의 만찬이 프레스코화로 그려져 있다는데 여기도 아들의 사진으로 대리 만족한다.

성당의 쿠폴라

조토의 종탑

피오레 성당 옆 **조토의 종 탑**은 높이 84m로 정상에서 보는 피렌체 시내의 모습 또한 장관이라지만, 여기도 우리의 패키지에서는 생략.

피렌체 두오모 성당

단테의 생가는 꼭 가고 싶었는데 이 또한 패스. 단테의 고향에서 문학인의 대부 단테를 보지 못하다니. 참 아쉽다. 단테는 당파싸움에 밀려 화형을 언도받지만 떠돌다 말라리아로 56세에 죽었다고. 아쉬운 피렌체….

절벽 위에 세워진 작고 조용한 마을, 슬로시티 운동의 발상지 **오르비에토**. 푸니쿨라를 타고 가파른 언덕을 올라간다. 피노키오의 고향이란다. 참 예쁘다. 이렇게 예쁜 마을이 있다는 게 흥미롭다.

오르비에토

이 높은 곳에도 두오모 대성당은 있고, 벽면의 부조는 〈최후의 심판〉과 〈성서〉의 내용을 담고 있다. 세밀하고 아름다워 스페인 코르도바의 메스키타 성당이 연상된다.

오르비에토는 에트루리아인 지역으로 돌산 위에 지워진 자연적 요새다. 〈로마인 이야기〉에 의하면 로마의 건축은, 에트루리아인의 건축술이다. 에트루리아인을 로마로 흡수하면서 하수구, 수도교 등의 건축 기술이 로마로 들어오게 되는데 이곳이 바로 에트루리아인의 고향이다.

18세기 어떤 백작이 에트루리아 고대 유물을 모아 만든 Museo Claudio Faina가 현재는 박물관으로 사용 중이다. 성곽 위에서 내려다보는 중세 도시가 앙증맞게 아름답다. 소형차 한 대쯤 지나갈 정도로 길이 좁아 시민들은 걸어 다닌다. 중세의 시간 속에 멈춰있는 느낌! 중세의 모습을 그대로 간직하고 있는 이곳은 교황의 피난처이기도 했다. 머리 싸매고 역사 공부 열심히 하다가 휴양지에 온 느낌이다. 달콤한 휴식이다.

Museo Claudio Faina 박물관

# .8.

## 고대 그리스인들의 최대 도시 폼페이
## - 이탈리아

벌어진 입을 다물 수가 없다. 〈폼페이 최후의 날〉이라는 영화로 우리에게 다가온 폼페이. 실제로 보니 영화에서보다 훨씬 크고 웅장한 도시다. 화산 폭발과 함께 사라진 도시. BC 8세기 전부터 고대 그리스인에 의해 개척되어 번성했던 항구도시. 무역의 중심지이며, 로마 귀족들의 피서와 피한지로 인기가 높았던 폼페이는 79년 **베수비오 화산**의 폭발로 번영과 쾌락이 물거품이 되고 말았다.

폼페이

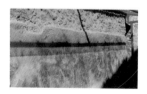

폼페이의 빨강 '적갈색 프레스코화'

1,700년이 지난 후, 1748년 시작한 발굴 작업은 현재까지 3/5이 진행되었다 한다. 마차가 지나가던 널찍한 돌길이 우리를 반기고, 폼페이의 빨강이라 불리는 적갈색

232

프레스코화가 인상적인 집이 2,000년 전의 부유한 상인의 영광을 재현한다. 그 옛날의 광장과 주요 도로, 하수도와 목욕탕, 극장, 레스토랑, 공중 화장실까지 각종 시설이 현대 도시와 조금도 다름이 없다.

폼페이 집입로

일찍이 괴테는 "화산의 분출로 아픈 역사이지만 인류에게 큰 즐거움을 준다."라고 이야기했다고 한다. 그렇다. 사람들의 죽어간 모습을 보니 정말 아프다. 그렇지만, 로마의 역사를 내 눈으로 확인하며 지적 호기심을 채우고 있으니 괴테의 말이 맞다. 폼페이 포럼 광장인 제우스 신전으로 간다. 멀리 베수비오 화산이 배경이다. 바로 옆에 아폴론 신전도 있다. 이중창도 있고 의술용 도구의 70% 이상이 이미 로마 시대에 있었고 뇌수술을 했다는 기록까지 있다. 카이사르(시저)가 어머니의 배를 가르고 나와서 제왕 절개 수술을 Caesarian Operation이라 한다고 한다. 가위를 나타내는 scissor가 Caesar가 발음이 같다.

목욕탕

목욕 문화의 발전으로 목욕탕이 화려하다. 남자들은 사우나 전에 씨름을 했는데, 요즘 레슬링에서 상체만 쓰는 운동을 그레코로만형이라 하는데 그레코로만의 어원이 Greece-Roman이다. 이탈리아어 termini는 요즘 터미널로 쓰이는데 termini는 원래 목욕장이라는 뜻이었단다.

죽어간 사람들에게는 애도를, 과학 기술의 발전에는 존경을 표한다. 베수비오 화산의 폭발로 시신 5천구가 화석으로 발견되었는데 죽음 당시를 그대로 알 수 있다. 시신이 썩으면서 몸속에 생긴 빈 공간에 훗날에 석고 반죽을 채워 넣어 죽음 당시의 모습을 알게 되었다.

유곽 표시

해양 무역으로 돈을 벌어온 남자들을 위한 유곽은 상당히 발전한 모양새다. 남자의 음경으로 바닥에 유곽을 표시하고, 발바닥 크기로 제한을 했다.

생각보다 크고 화려한 폼페이를 뒤로하고 10분간 도보로 폼페이역으로 간다. 쏘렌토를 향해 가는 기차는 우리나라 70년대 기차 수준으로 더워서 정말 힘들다.

유곽

# 티베리우스가 사랑한 카프리섬.
# 산타루치아로 유명한 나폴리 – 이탈리아

〈로마인 이야기〉를 읽으며, 눈에 선하게 그려본 **카프리섬**에 가기 위해 **쏘렌토**에 발을 디딘다. 아우구스투스가 사랑한 섬으로 황제의 정원이 있다. 로마 2대 황제 티베리우스가 15년 정도 기거하며 정사를 보던 곳. 티베리우스가 마음에 들지 않는 사람은 성 밖 바다로 던져버렸다는 괴담이 있는 곳. 괴팍한 성격은 새아버지 아우구스투스의 자리를 이어받기 위해 온갖 수모를 견뎌내면서 생긴 건 아닐는지.

카프리 가는길

쏘렌토역에서 기차를 타고 가면 해안가로 유명한 아말피의 전경을 볼 수 있다는데 일정상 우리는 쏘렌토 시장만 구경하고 카프리섬으로 간다. 절벽 아래로 고대인들이 지나던 길을 따라가면 선착장이 나온다. 〈돌아오라 소렌토로〉라는 가곡으로 전 세계에 알려진 소렌토는 나폴리만을 끼고 있으며 포시타노, 아말피 등의 인기 있는 고급 휴양지 등이

235

주변에 있다. 가파른 언덕 위에 파스텔톤 외벽의 아름다운 집들이 다닥다닥 붙어 있다. 포시타노는 바다의 신인 넵튠(그리스: 포세이돈)의 연인(포시타노)의 이름을 딴 마을로 소렌토 중앙광장에서 도보로 15분 정도 걸린단다.

쏘렌토 시내

카프리-솔라르산

카프리섬은 주로 석회암으로 이루어졌고, 최고봉은 솔라로산으로 높이가 600m. 페리로 30분 정도 소요된다. 예전엔 그리스 식민지였고 로마 시대에는 황제들의 휴양지로 이용되었다고 한다.

영화 〈맘마미아〉에서도 절경을 자랑하던 카프리섬. 선착장에서 보는 카프리섬은 높디높은 요새로 보이더니, 작은 버스를 타고 도착한 섬 위에서 또 한 번 화들짝 놀란다. 이런 세상이 존재하다니. 이 높디높은 요새 위에 너무나 예쁘고 큰 도시가 형성되어 있다니.

거기서 다시 곤돌라를 타
고, 솔라로산 정상에 올라 카
프리 시내와 아드리아해를 바
라다본다. 이렇게 아름다울
수가! 티베리우스가 15년 동
안이나 기거한 이유를 충분히
이해할 것 같다.

곤돌라

나폴리

민요 산타루치아로
유명한 도시. 산타루치
아는 3세기 가톨릭 순
교자. 자신의 눈을 손
에 들고 있는 나폴리
수호성인. 우리는 페리
를 타고 카프리섬에서
**나폴리**로 왔지만, 가
이드는 세계 3대 미항 중 하나인 이곳이 위험하다며 버스에서 시내를
보는 것으로 만족하란다.

소피아 로렌의 고향이고, 그녀가 사랑하는 나폴리. 나폴리를 미항이
라 한 이유는 밤에 바다에서 바라보는 나폴리가 너무 아름답기 때문이
라는데 낮이라 그런지 미항인지 모르겠다.

# . 10 .

# 모든 길은 로마로 통한다.
# 로마 - 이탈리아

이 길이 혹시 아피아 가도는 아닌지? BC 4세기에 아피우스 클라우디우스에 의해 건설된 지금의 고속도로. 로마에 처음으로 생긴 고속도로는 아피우스의 이름을 따서 아피아 가도라고 한다. 그 시대에는 거부들이 많아서 자비를 들여 공사를 하고, 자신의 이름을 붙였다. 보수 공사는 했어도 지금도 사용하고 있다고 한다.

로마에 들어왔나 보다. 위로는 수도교가 지나고, 무너진 성벽이 보이고, 어찌 가슴이 떨리지 않겠는가. 사실, 서유럽여행은 로마를 방문하는 게 가장 큰 목적이었다. BC 753년 로물루스가 7개의 구릉을 중심으로 국가를 세우고, 지중해 주변을 모두 지배한 로마. 속국이 된 나라들에게는 안타까움이야 크지만, 중고등학교 시절에 유럽을 배우며, 가보고 싶다는 생각이 머릿속에 떠나지 않았던 로마. 정치, 문화적으로 세계사의 중심에 있던 영원의 도시.

콘스탄티누스 개선문은 315년, 콘스탄티누스 황제가 전 황제였던 막센티우스를 물리친 기념으로 세웠다. 펜스를 쳐서 접근을 막고 있어,

멀찍이서 사진만 찍는다. 나폴레옹이
이 개선문을 그대로 파리로 가져가려
했으나 운반이 어려워 비슷한 개선문
을 파리에 새로 축조한 것이 오늘날의
파리의 개선문이란다.

콘스탄티누스 개선문

콜로세움

**콜로세움**! 설명이 필
요 없는 로마의 상징물
로 둘레는 527m, 높이는
48m, 수용 인원이 5만
명. 검투사(gladiator)들이
목숨을 걸고 이 원형경기
장에서 싸웠다. 로마 건
축 기술 중 최대의 업적인 아치(arch)의 기술이 없었다면 이렇게 큰 경
기장을 만들 수 없었다고 한다.

콜로세움은 BC 72년 베스파시아누스 때 착공되었다. 콜로세움은 거
대하다는 뜻이고, 그 자리에 네로 황제의 동상 콜로서스가 있었다. 3
층짜리 건물로 1층은 귀족, 2층은 서민, 3층은 노예석이다. 442년 큰
지진도 있었지만, 로마가 가톨릭을 국교로 받아들이며 문화재를 함부
로 다루어 콜로세움이 현재 반쪽이 무너져 있다.

영화 〈글래디에이터〉, 〈스파르타쿠스〉가 눈앞에 아른거리는데 패키
지라 입장도 못 하다니… 어떻게든 콜로세움을 만져라도 보고 싶어 뒤
쪽으로 갔다. 펜스가 없는 부분이 있다. 고맙다. 만져볼 수 있음에 감
사하다. 2,000년 전의 건축물을 만질 수 있다니. 행운이다. 콜로세움
내부 또한 아들이 찍은 사진을 보며 눈도장을 찍는다.

다음에 찾은 곳은 영화 〈로마의 휴일〉에 나오는 **진실의 입**. 사실 하수구의 덮개로 사용됐던 것을 코스메딘 성당 한쪽 벽면에 걸었는데, 유명세를 치른다. 잠시 오드리 헵번이 되어보는 추억

진실의 입

도 가져본다. 거짓말한 사람은 손이 잘린다는 진실의 입은 4세기에 바다의 신 트리톤(포세이돈 아들)의 얼굴을 새긴 대리석 부조물이다.

**코스메딘 성당**은 밖에서 보기보다 안으로 들어가니 작지만 화려하다. 밸런타인데이의 유래가 된 성 발렌티누스의 유골이 있는 성당이다. 바로 앞에는 헤라클레스 신전이 있는데 공사 중이라 입장은 못 하고, 코앞에 있는 포로 로마노(로마의 포럼장)에는 정말 들어가고 싶었는데, 역시 패키지라 어렵다.

캄피돌리오 언덕

벤츠를 타고, **캄피돌리오 언덕**으로 간다. 로마는 7개의 구릉에서 도시가 출발했는데, 언덕이라 하기에는 너무 낮다. 가장 높은 캄피돌리오가 50m로 최고의 신, 유피테르와 유노의 신전이 있던 자리다. 입구

에 코르도나타라는 계단이 있는데, 16세기 미켈란젤로가 중세 시대에 말이 다니기 좋도록 널따란 계단으로 설계했단다. 계단 위 양쪽에 제우스의 쌍둥이 아들 카스토르와 폴룩스 형제의 동상도 미켈란젤로의 작품이다.

청동 기마상

광장 안에는 시청으로 쓰고 있는 세나토리오 궁전이, 양쪽으로는 박물관으로 쓰이는 콘세르 궁전, 누오보 궁전이 있고, 한가운데에 마르쿠스 아우렐리우스의 청동 기마상이 있다. 세나토리오 궁전을 끼고, 우측의 골목을 들어서면 포로 로마노의 전경을 볼 수 있는 전망대를 만난다.

뒤쪽으로는 〈로마인 이야기〉에서 익히 보던 테베레강이 흐르고, 앞쪽으로 콜로세움이 있다. 오른쪽으로는 가장 오래된 언덕이며, 로마를 건설한 로물루스 쌍둥이 형제가 늑대의 젖을 먹고 자랐다는 황제들의 궁전과 귀족들의 집과 별장들이 있는 팔라티노 언덕이 있다.

포로 로마노 설명

콜로세움에서부터 캄피돌리오 언덕과 팔라티노 언덕 아래의 구릉지대가, 바로 **포로 로마노**(로마 시민 광장)다. 눈앞에 펼쳐진 포로 로마노. 멀찍이 카이사르가 있고, 옥타비아누스, 안토니우스, 아그리파, 그리고 어딘가에는 클레오파트라가 보일 것 같아 목을 길게 빼고 바라만 본다. 포로 로마노 속의 사람들은 개미만 하게 보인다.

에마누엘레 2세 기념관

2,000년 전 테베레강의 범람으로 이렇게도 높은 건물들이 지하에 묻혀 있었다니. 상상하기 힘들다. 〈로마인 이야기〉를 읽으며 얼마나 상상 속에서 걷고 걸었던 길인가. 그런데 그 땅을 밟을 수 없다. 2년 후에는 패키지가 아닌 자유 여행으로 꼭 다시 와야겠다.

고대 로마 시대에 7개의 구릉에 사람들이 살고, 저지대인 포로 로마노는 물물교환을 하고, 토론하는 장소였다. 아직도 발굴 중이라 포로 로마노의 지역은 어디까지일지 어림잡을 수가 없단다. 포로 로마노의 전경을 잡아보려 최대한 몸을 구부려 사진을 찍는다. 〈로마인 이야기〉를 읽으며 포로 로마노의 위치에 대해 공부한 내용을 다시 꺼내본다.

안토니우스가 카이사르의 시체를 안고, 뛰쳐나올 것 같다. **베네치아 광장**의 정면에 있는 **에마누엘레 2세 기념관**. 1871년 백색의 대리석으로 이탈리아 통일을 이룬 초대국왕 에마누엘레 2세를 기념하기 위해 세워졌다. 바로 옆에 오벨리스크가 있는데, 이는 53년 다키아(루마니아) 원정에서 승리한 트라야누스 황제를 기념하는 전승탑이다.

트라야누스 전승탑

꼭대기에 트라야누스 조각상이 있었는데, 현재는 베드로상이 있다고 한다. 또 옆에는 외로이 카이사르 동상이 서 있다. 로마의 영웅이며, 주인공인 카이사르가 외면받고 있는 것 같아 섭섭하다.

카이사르 동상

대전차 경기장

벤츠를 타고 **대전차 경기장**으로 간다. 장방형의 운동장은 검투사들의 검투가 이루어진 곳이다. 로마에서 가장 오래된 건축물로서 과거에 거대한 경기장이었지만, 현재는 옛 명성을 잃은 채, 폐허된 모습으로 오고 가는 관광객을 쓸쓸히 맞이하고 있다.

로마는 분수의 나라. 그중 가장 아름다운 분수는 **트레비 분수**인데, 야경도 아주 아름답단다. 넵튠(포세이돈)의 두 아들이 해마와 싸우는 용맹스런 광경

트레비 분수

이다. 30여 년에 걸쳐 18세기에 완성했으며, 영화 로마의 휴일의 배경이 된 곳이다. 트레비의 뜻을 알고 한참 웃는다. 삼거리의 뜻이란다. 등을 돌리고 동전을 한번 던지면 로마를 다시 방문하게 되고, 두 번 던지면 사랑을 이룬다는 속설 덕에 누구나 동전을 던지니, 우리도 오드리 헵번과 그레고리 펙이 되어 동전을 던져보고, 인증샷을 남긴다.

바로 옆에는 오드리 헵번이 머리를 잘랐던 미장원이 있고, 앞에는 그녀가 먹은 아이스크림 가게가 있다. 로마는 원래 BC 시대부터 만들어진 수도교 덕분에 물이 충분했으나, 이민족들의 잦은 침범으로 수도망이 파괴되어 중세 내내 시민들은 물 부족으로 불편을 겪었다. 이에 다시 수도교도 만들고 분수도 만들면서 물 부족 현상은 해소되었다고 한다.

스페인 광장

**스페인 광장**으로 간다. 스페인 대사관이 옆에 있어 자연스레 스페인 광장으로 불리기 시작했다. 영화 〈로마의 휴일〉에서 오드리 헵번의 등장으로 세계적인 명소가 되었다. 이제 누구도 이 광장의 이름을 바꾸지는 못하겠다. 137개의 계단을 젊은이들이 반쯤을 차지하고 앉아 있어 계단에 올라갈 엄두가 나지 않지만, 여기까지 와서 포기할 수는 없다.

앞에는 옛날 배 모양의 분수가 있는데,
그 가운데에 또 하나의 작은 배가 물을 품
는다. 이름도 예쁜 조각배 분수! 테베레강
에서 와인을 나르던 낡은 배를 형상화한 것
으로 17세기 교황의 기부로 만들어졌다고
한다.

조각배 분수

스페인 광장을 더 품격있게 만들어 주는 것은 두 개의 종루가 있는
몬티 교회와 교회 바로 앞에 있는 오벨리스크다. 몬티 교회는 16세기에
프랑스의 루이 14세의 명으로 세워졌다. 계단 위 오른쪽 집에는 영국 시
인 키츠가 살았다는데 26세의 젊은 나이에 이곳에서 요절했다고 한다.

점심을 먹고, 정장 차림의 훤칠한 이탈리아 총각의 벤츠를 타고 달리
니, **테베레강**이 나온다. 〈로마인 이야기〉에 그렇게 많이 등장하던 테
베레강! 포로 로마노를 2,000년 동안 땅속에 있게 한 장본인이라 한강
정도로 생각했는데, 훨씬 작다. 남편은 베네치아에서 체한 몸 상태로
며칠을 먹지도 못하며 사투 중이라 사실 무섭다.

가이드가 고대 건축물 하나 더 보자고 하여 따라갔는데, 이런 횡재
를 하다니! **판테온**이다. 세상에나. 건축물 위에 아그리파가 지은 사원
이라고 쓰여 있다. 프로그램에 없어 전혀 예상치 못했는데, 데려와 준
가이드가 어찌나 고마운지. 로또에 당첨된 기분이다. 판테온은 카이사
르의 친구이자 사위인 아그리파가 BC 27년에 지은 범신전(凡神殿−모든
신들의 집)이다. 카이사르는 아그리파에게 옥타비아누스가 황제가 되면
기꺼이 도와주라고 유언을 남기는데, 신전을 세워 황제인 아우구스투
스에게 바친다.

황금률의 대명사인 판테온은 Pan(모든), theos(신), on(장소)가 합쳐진 말이다. 쿠폴라는 반구(半球) 모양으로, 위로 갈수록 가벼운 재료를 사용하여 하중을 줄였으며, 당시의 콘크리트 배합 비율이 지금과 거의 같다 하니 로마의 건축기술을 가늠할 수가 있다.

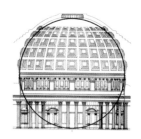

판테온

쿠폴라는 처음에는 황금으로 칠해졌으나, 콘스탄스 2세가 지붕을 다 벗겨 갔단다. 그래도 다른 건축물에 비해, 살아남은 것은 판테온이 너무 아름다워 교황이 해체하지 말고 성당으로 바꾸자고 했기 때문이다.

판테온

미켈란젤로가 천사의 설계라고 극찬한 판테온은 촛불을 켜서 온도 차이를 조절하기 때문에 적은 비는 차단된다. 큰비를 대비하여 바닥을 둥글게 하고 구멍을 여러 군데에 만들어 빗물이 나가게 되어있다. 또한 천장에 있는 원형 구멍은 태양을 상징하고 벽에는 창문이 하나도 없지만, 실내는 아주 밝다. 내부는 한 치의 오차도 없는 완전한 구의 모양이다. 판테온 쿠폴라는 미켈란젤로에게는 바티칸 설계에, 브루넬레스키에게는 피렌체의 두오모 성당 설계에 도움을 주었다.

입구에 있는 16개의 기둥은 이집트에서 가져온 화강암의 통 기둥이라 한다. 르네상스 시대 이래로 판테온은 무덤으로 사용되어 라파엘로와 먼저 죽은 그의 약혼녀는 판테온에 함께 묻혔으며, 이탈리아의 초대 국왕도 이곳에서 영면하고 있다.

판테온

로마에 위치한 세계에서 가장 작은 나라, **바티칸시국**. 가톨릭의 중심이며 신자들의 정신적인 구심점. 교황이 기거하고 성 베드로가 순교하고 묻힌 곳. 따라서 바티칸은 가톨릭 신자들이 평생 한 번은 가 봐야 할 성지. 여행객에게는 서양 종교, 문명의 진수가 가득한 바티칸은 관광의 필수 코스.

바티칸시국은 1929년 무솔리니와 교황 비오 11세 간의 체결에 의해 탄생했다. 즉 바티칸시국에 대한 교황의 주권과 독립을 보장한 것. 시국의 영토는 산 피에트로 광장, 대성당, 바티칸 박물관, 산탄젤로 성과 로마 시내의 산 조반니 인 라테라노 대성당, 산 파울로 대성당 등. 넓이는 0.44 평방km에 불과하지만, 기본 국가 시설은 갖춰져 있다.

바티칸 박물관

박물관 입구 위쪽에는 미켈란젤로와 라파엘로가 조각되어 있고, 마당에는 로마 시대 청동 솔방울 모양의 분수가 있으며, 지구의 환경오염을 경고하는 천체 속의 천체가 있다.

**박물관** 1층에는 회화관, 이집트 전시관, 시스티나 성당이 있다. 이집트 전시관은 대영 박물관과 유사하게 훔쳐온 이집트의 유물이 많고,

바티칸 박물관 조각상

라오콘상, 토르소를 비롯한 조각상이 있다. 옆에는 판테온을 연상시키는 원형의 방이 있다. 벽면에는 제우스를 비롯한 헤라클레스의 청동조각상 등이 있고, 실내 한가운데에 네로 황제가 썼다는 욕조가 있으며, 바닥은 세밀하게 모자이크로 장식되어 있다.

아테네 학당 수업자료 [저자 편집(286~287페이지 참고)]

회화관은 라파엘로와 레오나르도 다빈치와 카라바조의 그림이 으뜸인 것 같다. 엄청 반가운 사진이 있다. 라파엘로 방이라 일컫는 서명의 방에 〈아테네 학당〉이 있다. 몇 년 동안 수업시간에 만났던 그림이다.

아테네 학당에는 학생들이 알아야 할 철학자들이 많아 알기 쉽게 요약하고 살을 붙여 수업하면 아이들이 재미있어 한다. 만족도가 좋아서 2006년부터 독서 토론과 동아리 시간에 활용하고 있다. 플라톤은 레오나르도 다빈치를, 아리스토텔레스는 미켈란젤로를 모델로 그렸다고 설명하니 아이들은 아리스토텔레스가 잘생겼단다. 내가 아는 미켈란젤로는 못생겼는데. 유명한 철학자를 묘사하고 자신까지 그려 넣은 라파엘로의 아테네 학당! 눈에 담는 것만으로도 고맙다.

다빈치의 작품은 〈성 히에로니무스〉만 있다. 인체의 신비를 밝히는 과학자이며 의사이자 미술가인 천재 다빈치! 다빈치의 작품이 바티칸에 없어 의외다. 시체를 찾아 인체를 해부하는 기인으로 소문이 났기 때문에 바티칸에서 많은 미움을 받은 것 같다.

레오나르도 다빈치 「성 히에로니무스」

카라바조의 〈그리스도의 매장(십자가에서 내림)〉은 무대에서 공연하는 연극의 한 장면처럼 연출되어 시선을 잡아끈다. 나도 요한, 마리아와 협조하여 예수를 받쳐줘야 할 것 같은 현실감이 강렬한 그림이다.

카라바조 「십자가에서 내리는 예수」

2층의 중심은 아라찌의 회랑, 지도의 방, 라파엘로의 방이다. 아라찌의 회랑 양 벽면에 대형으로 직물로 짠 그림이 걸려 있다. 이 직물 그림을 태피스트리라고 한다. 벽면 왼쪽은 16세기 라파엘로의 제자들이 예수의 일생을 수놓았고, 오른쪽은 성 베드로 성당을 건축

라파엘로 「그리스도의 변용」

한 우르바누스 8세의 일화가 수놓여 있다. 천장에 부조처럼 입체적으로 보이는 것도 태피스트리란다.

갑자기 눈이 번쩍 뜨인다. 황금빛으로 빛나는 천장이 화려한 여기는 지도의 방으로 120m. 16세기 말 무치아노와 제자들이 3년에 걸쳐 이탈리아 전역을 그린 것. 양쪽 벽에는 이탈리아 지도가 그려져 있고, 천장은 황금색 프레스코화다. 무치아노의 제자들은 미켈란젤로처럼 온몸을 구부리고 천장에 그림을 그리고 색칠을 했겠지.

지도의 방

시스티나 예배당 「천지창조」

그 유명한 **시스티나 성당**이다. 떨린다. 여기도 사진은 찍을 수 없다. 교황을 선출하여 가결이면 하얀 연기를, 부결이면 검은 연기를 피운다는 예배당. 생각보다 훨씬 작은 규모다. 들어서자마자 미켈란젤로의 천장 프레스코화인 〈천지창조〉가 한눈에 들어온다. 원래 미켈란젤로는 조각가였는데, 주교가 미켈란젤로를 곤경에 빠뜨리기 위해 회화를 그리게 했다는 설이 있다. 그런데 이런 천재적인 작품을 만들어 냈다. 그림을 보는 것만으로도 고개가 뻐근하다.

벽화인 〈최후의 심판〉에서는 지옥 부분에 미운 주교님을 그려 넣는 미켈란젤로의 센스. 허락된 시간을 허비하지 않기 위해 감사와 행복의 마음으로 눈 속에 차곡차곡 쌓아둔다.

「최후의 심판」

성 베드로 성당

아! 성 베드로 성당. 스페인의 톨레도, 세비야 성당의 화려함에 놀랐는데. 세계에서 가장 큰 성당이자 가톨릭의 총본산. 베드로의 무덤이 있던 언덕 위에 세운 성당.

성당에 들어서자 오른쪽에 미켈란젤로의 피에타(Pieta)가 있다. 1499년 미켈란젤로 24세에 만든 조각품으로 마리아가 죽은 예수를 안고 있는 모습. 이렇게 훌륭한 작품을 누가 그렸을까 사람들이 궁금해하자, 미켈

미켈란젤로 「피에타」

란젤로는 밤에 나타나 '피렌체 사람 미켈란젤로가 그리다'라고 표기를 했다 한다.

발다키노

　정면에는 베르니니가 만든 발다키노라는 제단이 있는데 이곳에서는 교황만이 미사를 집전할 수 있단다. 지하 공사를 하다 정말 묘하게 이 제단 바로 아래에서 베드로의 묘가 발견되었다고 한다. 발다키노 정면으로 태양을 받는 베드로 성좌가 있다. 베르니니가 80세에 만든 교황 알렉산더 7세의 기념품은 주름 하나하나가 예술이다.

베드로상

베드로 성좌

　인파로 베드로님을 영접할 수 없어 한 바퀴 돌고 이제야 까만 모습의 베드로를 만난다. 13세기 캄피오가 제작한 베드로 청동상은 사람들이 너무 많이 만져서 베드로님의 발이 반질반질하다. 이 동상의 발을 만지면서 기도하면 기도가 이루어진다고. 하여 다른 성당에서도 베드로상의 발은 반질거린단다.

유럽에서는 높은 돔을 쿠폴라라고 한다. 미켈란젤로가 설계한 베드로 성당의 쿠폴라는 137m로 이중 구조로 되어 있다. 미켈란젤로가 완성하지 못하고, 베르니니에 의해 완성되었다. 판테온 정면 지붕에 있던 청동 조각상을 뜯어 와 만들어 당시 많은 비난을 받기도 했다고 한다. 900여 톤의 황금과 최고급 대리석으로 지어진 성 베드로 성당에 지금 내가 자리하고 있음에 또 한 번 감사함을 느낀다.

베드로 성당 「쿠폴라」

산 피에트로 광장

대성당 앞의 **산 피에트로 광장**은 30만 명을 동시 수용할 수 있다. 열주는 성당을 중심으로 원형으로 되어 있는데 포용과 사랑을 표현했다고 한다. 총 284개의 주랑이 있고, 140개의 주랑 끝에는 베르니니의 제자들이 조각한 성인상이 있다. 바티칸 박물관의 1등 공신은 회화에서는 라파엘로, 회화와 조각은 미켈란젤로, 건축은 베르니니라고 보아야 하지 않을까 나름대로 생각해 본다.

밖으로 나오니 바티칸시국의 근위병들이 멋진 복장으로 품위 있게 서 있다. 스위스 근위병이다. 스위스가 가난하던 시절에 교황을 지켰던 근위병들의 자긍심은 하늘을 찌르고, 지금도 여전히 교황은 스위스 근위병들이 지키고 있다. 광장 분수대 앞 중앙에 있는 오벨리스크는 37년 칼리굴라 황제가 이집트에서 옮겨 온 것으로 높이가

오벨리스크

25.5m, 무게가 300여 톤, 재질은 붉은 화강암으로 되어 있다.

서유럽 여행의 하이라이트인 바티칸시국을 가슴에 안고 숙소를 향해 달린다. 버섯처럼 우산 모양을 한 소나무들이 줄지어 서 있고 그 아래로 좁은 옛 도로가 중간중간 나타난다. 이것이 BC 시대에 건설된 아피아 가도란다. 무너질 것 같은 피곤이 엄습해 오지만, 마음 가득 간직한 바티칸의 행복에는 비할 수가 없다.

# .11.

# 피사의 사탑으로 유명한 피사. 해변이 멋진 사보나 - 이탈리아

베네치아의 무더위로 체한 남편은 3일 이상을 밥도 못 먹고 고생해서 눈이 푹 들어가고 살이 몇 킬로는 빠져 보인다. 그럼에도 불구하고 여행 욕심이 어찌 많은지 참으면서 잘도 다닌다. 로마에서 4시간을 올라와 피사로 간다. 피사는 위도상 피렌체와 비슷하고, 서쪽 해안가에 위치해 있다.

버스에서 내려 에버랜드에 나 있을 법한 소형 열차를 타고 피사의 사탑으로 간다. 제법 한국말을 잘하는 젊은이에게 우산 하나를 산다. 따가운 햇살을 피하고자 하는 마음도

피사 두오모

있지만 로마 제국의 다양한 유적지가 그려져 있어서다.

입구에서 우리를 반기는 **두오모 성당**은 이탈리아에서 가장 오래된 로마네스크 양식이다. 설교단 앞에 진자의 원리를 발견한 계기가 된 "갈릴레이의 램프"가 있다고 쓰여 있다.

피사의 사탑! 생각보다 정말 많이 기울어져 있어, 금방 무너지지 않을까 두렵기까지 하다. 사탑은 흰 대리석의 둥근 원통형 8층 탑으로 최대 높이는 58.36m. 2008년 기준으로 사탑은 중심축으로부터 약 5.5° 기울어져 있다고 한다.

피사의 사탑

갈릴레이는 이곳에서 무게가 다른 두 개의 공(1파운드, 10파운드)을 떨어뜨려 낙하 실험을 한 후 '지표면 위의 같은 높이에서 자유 낙하하는 모든 물체는 질량에 무관하게 동시에 떨어진다'는 낙체의 법칙을 발견했다. 지동설로 세계를 흔들었던 갈릴레이가 피사 출신이다.

사탑은 원래 두오모에 속한 종루(종탑)로 1147년에 시작하였으나 지반이 내려앉아 중단하였다가 1350년 8층탑으로 완공하였다고 한다. 사탑의 정상에 올라가 시가지 전경을 감상할 수 있는데 사탑이 조금씩 기울고 있어 1990년부터 내부는 폐쇄되었으며, 현재는 거대한 와이어를 이용하여 거의 버티고 있단다.

사보나로 이동하여 오늘 하루를 묵는다. 해변 옆의 아름드리나무가 어찌나 예쁜지 가져가고 싶을 정도로 탐난다. 아담하고 예쁜 해변에서 동행들과 사진도 한 컷.

사보나

# . 12 .

## 귀족들의 휴양 도시인 니스와
## 하느님의 선물 에즈 마을 – 프랑스

프랑스다. 프랑스로 진
입하니 프랑스의 역사가
궁금하다. BC 1세기, 카
이사르가 〈갈리아 전기
〉를 썼을 때의 프랑스는
문맹국이며, 주인은 켈
트족인 갈리아인이었다.
BC 1세기경 로마군에 점

니스

령당한 프랑스는 루이 14~16세에는 정치 중심을 베르사유로 옮기고,
프랑스 대혁명으로 기틀을 다진다. 프랑스 입장에서는 카이사르가 정
복자이지만, 자신들의 역사를 기록해 준 은인이 될 수 있겠다는 생각
을 한다.

귀족들의 휴양도시에 도착. 지중해의 빼어난 풍광과 따뜻한 기후를
자랑하는 니스. 사보나와 흡사한 분위기. 해변은 당연히 더 예쁘고,
관광객도 많다. 여기에서도 멋진 나무에 마음을 빼앗긴다.

에즈 빌리지

바다 위 작은 마을 에즈에 도착, 전망대까
지 30여 분 걸린다. 올라가는 양쪽 골목에 예
쁜 카페와 상점, 화랑들이 즐비하게 늘어서
있고… 어느 곳에 시선을 두어도 그림이 되는
사랑스러운 마을이다. 참으로 예쁜 동네다.

독수리의 둥지처럼 동그랗게 자리 잡고 있
어 독수리 둥지 마을이라고도 불리는 **에즈
빌리지**. 고대에는 요새로 견고한 성벽으로 둘

에즈 빌리지

러싸여 있는 도시였으나, 1700년대 루이 14세 때 많은 부분의 성벽이
무너졌다고 한다. 적들의 동향을 살폈다는 성벽의 뚫어진 구멍을 통해,
나도 한번 가상의 적을 만들고 그의 동향을 살핀다.

드디어 전망대가 가까워지고. 와! 말로 표현할 수 없는 절벽 위의 예
쁜 정원! 하느님의 선물이다. 전망대 위에서 보는 지중해 해변은 닐러
무삼하리오.

# 그레이스 켈리가 왕비가 된 모나코

모나코 왕궁

또다시 절벽 위 요새를 돌아
돌아 올라간다. 요새 위에 오르
니, 이쁜 왕궁이 나온다. 모나
코 왕궁이다. 왕궁 안에는 아직
도 대포 등이 진열되어 있고, 근
위병들이 왕궁을 지키고 있다.

절벽 위 요새

왕궁의 정원에서 내려다보는 지중해는 영화의 한 장면이다. 왕궁 바로 아래로 건물들은 로마식 건물보다는 현대식 건물이 높이 높이 위험스럽게 서 있다. 바다는 온통 요트의 세계다. 요트는 타는 요금보다 정박하는 요금이 훨씬 비싸서 자산가가 아니면 요트를 사기 어렵다는데 부자 나라인 건 확실한 것 같다.

바티칸시국 다음으로 작은 나라 모나코 왕국. 여의도의 1/4밖에 안 되는 손바닥만 한 나라. 수려한 해안선과 온화한 날씨를 자랑하며, 카지노와 F1 자동차 경주로 세계적 명성을 얻고 있는 나라. 사는 모습, 언어, 화폐에 이르기까지 모든 게 프랑스와 같아 독립된 국가라는 느낌은 들지 않지만 엄연히 국왕이 존재한다. 사전에는 모나코 공국이라고 나온다. 공국은 국왕 아래의 공이 다스리는 작은 나라라는 의미.

모나코 성당

프랑스의 한 지방 도시 같은 느낌이다. 풍족한 카지노 수입만으로도 국가 운영이 가능하기 때문에 국민에게 세금을 받지 않고 병역의 의무 또한 없다고. 하여 전 세계 부자들이 세금이 없는 모나코로 모인단다. 그래서 저절로 부자 나라가 된다.

그레이스 켈리가 모나코의 왕비가 되면서 세계는 떠들썩했고, 모나코에는 여행객들도 많아졌다. 그레이스 켈리 부부의 추억이 서린 왕궁이 있고, 부부가 결혼하고 묻힌 **성당**이 있다. 성당지하는 모나코 왕족들의 무덤이다. 정오쯤 열리는 근위병의 교대식은 인기 있는 이벤트란다.

그레이스 켈리 결혼기사

해양 박물관

성당에서 내려오니 노란색 예쁜 잠수정이 있다. **해양 박물관**의 입구다. 1910년 해양 연구가인 모나코 대공이 창건했는데 수족관, 실험실, 도서관 등이 있으며 건물 자체가 워낙 근사하다고 한다.

# 두오모와 패션의 도시 밀라노 - 이탈리아

밀라노 두오모 성당

두오모 성당인가 보다. 멀리서도 수많은 첨탑들이 위용과 화려함을 뽐낸다. 빨리 도착하고 싶어 고개가 먼저 마중 나간다. 이럴 수가. 이렇게 화려할 수가.

두오모 성당은 14세기에 초석을 놓은 뒤 20세기에 와서야 완공된 고딕 양식의 성당으로 이탈리아에서 바티칸 다음으로, 큰 성당이다. 전체가 흰 대리석으로 덮여있고, 소첨탑이 135기. 가장 높은 첨탑에는 황금빛의 성모 마리아상이 서 있다는데 눈이 부셔서 볼 수가 없다. 소첨탑의 화려함에 놀라지만, 빙 둘러 성당 벽을 빼곡히 장식하는 성인상에도 혀가 내둘러진다. 낮에 도착했을 때 성당은 백색의 미를 발하더니, 날이 어두워지자 황금색으로, 밤색으로 바뀐다. 태양의 영향으로 건물색이 바뀌는 것조차 아름답고 재미있다.

밀라노 두오모 성당

패키지의 특성상 성당 안에는 들어가지 못하고, 이탈리아 통일의 주역 에마누엘레 2세 청동상 앞에서 셔터를 누른다.

에마누엘레 2세 청동상

비둘기를 손에 든, 젊은이가 와서 먹이를 줘보라 하면 "NO"라 하라고 가이드가 주의를 준다. 아니나 다를까, 비둘기를 든 사람이 온다. 과감히 "NO"라고 외쳐본다. 오동통하고 귀여운 가이드는 외국에 나와서 영어는 'ONE' 'NO' 두 단어만 쓸 줄 알면 된단다. 뭔가 나한테 불리할 것 같으면 NO를, 음식을 사 먹을 땐, 손가락으로 가리키며 ONE, ONE만 외치면 된단다. 궁금증 해결에는 약하지만 재미있는 가이드다.

패션 거리

라스칼라 극장

두오모와 라스칼라 극장 사이에 있는 쇼핑가 패션의 거리로 들어왔다. 세계 유명 브랜드가 가득한 곳이라니까 기부터 죽어서 아이쇼핑하기도 두렵다. 로마 정부의 상징인 SPQR이 바닥에 새겨져 있다. 당당히 그 앞에 서서 포즈를 잡아보고, 푸치니와 베르디가 최초로 공연했다는 **라스칼라 극장** 앞으로 이동한다. 밖에서 보기엔 소박하고 아담하다. 광장에는 레오나르도 다빈치가 다음 작품에 대해 골똘히 생각하고 있다.

레오나르도 다빈치

# . 13 .

## 알프스의 관문 루체른과
## 융프라우를 조망하는 인터라켄 - 스위스

셔터만 누르면 엽서가 되는 나
라. 스위스. 차창 밖으로 이미 스
위스임을 안다. 참 예쁘다. 자연
경관이 너무 아름다워 버스 안에
서부터 일행들은 소리를 지른다.

루체른

알프스 관문 도시 **루체른**. 빛의 도시라는 뜻을 지닌 루체른은 알프스
의 높은 산들로 둘러싸인 아름다운 호반 도시. 드넓은 호수와 저 멀리
보이는 설산과 아기자기한 구시가지가 관광객을 흥겹게 한다.

빈사의 사자상

빈사(瀕死)의 사자상으로 이동.
빈사의 사자상은 1792년 프랑스
혁명 당시 루이 16세를 지키다 전
사한 스위스 용병 786명을 기리
는 위령비다. 부르봉 왕가의 문장
인 백합이 그려진 방패 위에 부러진 창을 맞고 쓰러져 있는 사자의 용

루체른

맹스러움이 묘사되어 있다. 중세의 스위스는 생활
고에 시달리던 시절이 있었다. 높은 임금 때문에
용병으로 지원했다. 수치스러운 일로 생각할 수도
있을 텐데 자긍심으로 승화시키는 스위스인이 정
말 멋지다. 중년의 스위스 신혼부부의 웨딩 사진에
같이 등장하는 영광도 누려 본다.

중년의 스위스
신혼부부

카펠교

유럽에서 가장 오래되고 가장 긴
목조다리를 보기 위해 루체른 호수
로 간다. 아름답게 꾸며진 카펠교
다. 이 다리는 호수로 잠입하는 적
들을 감시하기 위해 지어졌단다. 루
체른의 역사와 수호성인을 그려 넣
은 111개의 판화가 유명했지만, 1993년 대형 화재로 대부분 소실되었
다. 다리 위 팔각형 탑은 망을 보기 위해 지어졌으나 나중에는 고문실
과 감옥, 보물실 등으로 사용되었다고 한다. 카펠교를 지나 루체른 호
수를 거닌다.

뮈렌산

이제는 **인터라켄**이다. 알프스에서 가장 높은 융프라우를 유럽의 정
상이라고 하는데(해발 4,158m) 우리는 융프라우를 조망할 수 있는 **뮈렌
산**으로 케이블카와 산악열차를 타고 올라간다. 뮈렌산에 오르기 전
도로변 카페에서 빙하를 바라보며 오므라이스로 점심을 먹는다. 아직
도 속이 불편한 남편은 식사가 영 신통치 않다. 여행 내내 걱정이다.

첫 출발지 인터라켄역 건널목을 지나는데 알프스 산맥에서 빙하가
내려와 특유의 물빛을 자랑한다. 에메랄드빛이 이런 거구나를 실감한
다. 만년설이 녹아 만들어낸 폭포들이 곳곳에 있고, 열차는 가운데 톱
니바퀴가 하나 더 있어 쉽게 오르막길을 올라간다.

융프라우에 직접 가고 싶었는데! 그래도 너무나 이쁜 풍경에 더 이상
은 욕심이다. 뮈렌산에 내려서 바라보는 융프라우는 자욱이 안개 낀
모습으로 바로 코앞에 있다. 이렇게 안개 낀 날에는 융프라우에 간 사
람들도 어차피 보지 못한다니 아쉬움이 덜하다. 산 위에는 만년설이 있
고, 산 아래에는 일행의 웃음꽃이 피고, 마을에는 사랑과 행복의 꽃이
핀 여름이다.

# . 14 .

## 12지신상의 조각이 돋보인 디종과 에펠탑, 센강이 아이콘인 파리 - 프랑스

파리로 가는 길에 들른 디종은 작
고 예쁜 도시다. 기욤 문이 이 도시의
개선문. 광장에서 미션을 수행하는
아가씨가 사진을 찍자고 하더니, 볼에
키스까지 한다. 젊은 웃음으로 기분
이 좋아진다. 브뤼셀에 있던 오줌싸게
동상 같은 나체동상이 있는데 이 광
장의 상징이다.

기욤문

올빼미

브루고뉴 와인이 유명하고 특히 겨자의 본
고장이라니 신기하다. 디종에서 머스터드도
처음으로 만들어졌다니 맛은 봐야겠지. 디종
에서 가장 유명한 것이 올빼미란다. 도로의
한가운데에서 올빼미가 우리를 반긴다. 올빼
미를 만지며 소원을 빌면 이루어진다는 전설
이 있어 사람들이 많이 찾는단다. 우리도 열

노트르담 대성당

심히 찾아 만지면서 소원을 빌어 본다.

　중세의 건물이 많아 중세로 돌아간 듯 묘
한 마력에 휩싸이며 편안함과 따사로움까지
얻는다. 오른쪽 길로 접어 들어가니 **노트
르담 대성당**이 있다. 출입문 옆이 특이하게
벽화 그림으로 장식되어 있고 성당 안은 아
담하고 소박하다. 노트르담은 우리들의 귀부
인이라는 뜻으로 성모마리아를 지칭한다. 프
랑스에서는 거의 모든 도시에 노트르담이라
는 이름의 성당이 있다고 한다. 그래서 앞에
지명을 붙여 디종 노트르담이라 부른다.

노트르담 대성당

　잉? 성당의 지붕 처마 끝에 괴기한 원숭이상이 줄을 지어 있다. 성
당에 동물상이라니? 놀라움 속에 궁금함을 해결하기 위해 가이드에

게 물었는데, 이해 못 할 답변이라 인터넷을 뒤진다. 가고일이라는 것으로 처마에 고인 물을 내보내는 일종의 홈통이란다. 홈통의 모양은 예쁜 꽃 모양으로 해도 좋을 텐데 괴기스러운 짐승 모양을 한 것은 하나님의 성소를 사탄으로부터 지키기 위한 수호신으로 배치한 것으로 보인다. 보통의 성당에서는 수호신으로 성인상을 많이 보아 왔는데…. 참 의아하다. 궁금증을 해결하지 못하고 파리로 향한다.

콩코드 광장

파리! 드디어 파리에 입성이다. 버스 안에서 **콩코드 광장**이다. 시간이 없다는 이유로 내릴 수 없다. 왕정을 공화정으로 바꾼 1789년 프랑스 대혁명의 광장. 1794년 루이 16세와 왕비 마리 앙투아네트가 처형당한 곳. 어리숙하게 생긴 루이 16세에게는 눈을 흘기고, 애틋하다 못해 불쌍한 마리 앙투아네트는 손을 잡아주고 싶은데…

이 광장에 루이 15세의 기마상이 있어 루이 15세 광장이라 칭하기도 했으나 프랑스 혁명 이후 루이 15세의 기마상은 철거되고, 혁명광장으로 불리기도 했다. 현재는 화합과 일치라는 의미로 콩코드 광장이라 부르며, 어두운 역사를 넘어 평화와 화합으로 나가자는 프랑스의 염원이 담겨 있다고 한다.

이집트에서 공수한 **오벨리스크**가 중앙에 버티고 있다. 람세스 2세의 공적이 상형문자로 쓰여 있으며, 꼭대기에 금박 모자를 씌웠단다. 빨리 움직여야 오늘 안에 에펠탑에 입장할 수 있고, 센강 야경을 감상할 수 있다고 가이드는 재촉한다.

정말 줄이 너무 길어 입장은 할 수 있을지 아득하다. 1889년 프랑스에서는 프랑스 대혁명 100주년을 맞이하여 세계박람회를 개최했는데 이 박람회에 오는 사람들이 박람회장

에펠탑에서 바라본 전경

의 위치를 잘 알 수 있도록 326m의 **에펠탑**을 세웠단다. 구스타브 에펠에 의해 설계되었고, 설계자의 이름을 따서 에펠탑이라 부르는데 처음엔 추악한 철 덩어리라고 비판을 받았다 한다. 보수주의자와 지식인들은 속살까지 모두 드러낸 탑을 파리에 세운다는 자체가 모욕이라 생각했다. 하지만, 개관 후 5개월 동안 2,000만 명이 관람했고, 1, 2차 세계대전 중에는 에펠탑의 안테나를 이용해 무선 통신에 성공한 공로로 해체는 모면하였단다.

고등학교 시절에 돈암동 성신여대 근처에서 살았다. 집 앞에 조그만 개울이 흐르고 있었는데 사촌 오라버니는 센강과 비슷하다고 했다. 센강이 한강처럼 넓지 않고 이렇게 좁은가에 많은 의문을 가지며 꼭 파리

에펠탑

에 가서 센강을 보아야겠다고 다짐했다. 정말 한강 너비의 1/10이라고 봐야 할까? 그렇지만 돈암동 개천보다는 훨씬 넓어서 안심이다. 중세의 유물과 현대적인 예술품을 영겁의 세월 동안 센강은 끌어안고 있다.

가장 아름답다고 소문난 알렉산드르 3세 다리는 1900년경에 만들어졌다는데 유람선에서 보아도 정교한 세공이 눈부시다. 1875년 나폴레옹 3세의 명으로 건축했다는 오페라하우스에도 가고 싶지만, 우리의 패키지에는 없다. 사진이라도 찍고 싶은데, 어딘지 모르겠다. 알랭 들롱이 현재 살고 있는 집이 어디라고 가이드가 말하는데 유람선은 흔들리고 눈앞의 야경은 한

알렉산드르 3세 다리

오르세 미술관

꺼번에 몰려오니 어디인지 알 수가 없다. 알랭 들롱은 4층과 5층을 다 쓰고 있단다. 오르세 미술관은 정면에서 바로 찍는 행운을 누린다. 명성답게 멋진 외관이 위용을 뽐낸다.

퐁뇌프 다리

〈퐁네프의 연인들〉로 유명한 퐁뇌프 다리를 지난다. 센강에서 아홉 번째로 세워진 다리이며 12개의 아치와 둥근 난간으로 구성되었다. 중간 광장에 헨리 8세의 기마상이 있고 난간에는 385개의 돌 조각 얼굴이 조각되어 있으며 사랑의 열

쇠 펜스가 설치되어 있단다. 내 젊은 날 센티한 감성으로 보았던 영화. 시력을 잃어가는 주인공 미셸과 곡예사 알렉스의 아프고도 간절한 사랑 이야기! 그들의 삶이 있었던 다리 위에 발을 디디고 싶지만, 그 또한 다음 기회로 미루어야 할 것 같다.

생 미셸 다리는 1857년 복원된 다리로 교각마다 나폴레옹 3세를 기념하는 "N"자가 있다.

생 미셸 다리

노트르담 대성당

퐁뇌프 다리 건너에 있는 노트르담 대성당은 영화 〈노트르담의 꼽추〉로 더 유명하다. 이곳의 백미는 첨탑 전망대로 파리 전경을 360도로 볼 수 있다고 한다. 임마누엘 종은 영화 〈노트르담 꼽추〉의 클라이맥스에 배경으로 등장하는 종이라는데, 올라가 보지도 못하고, 센강에서 멀찍이 바라만 본다.

센강 야경 투어의 꽃은 역시 에펠탑이라는데, 부다페스트에서의 감흥이 강해서인지 여기서는 좀 시들해진다.

세느강 야경

# . 15 .

## 프랑스의 보고 루브르 박물관과
## 로맨틱의 대명사 몽마르트르 언덕 - 프랑스

호텔에서 나오니, 먼저 나온 수
원댁이 춤을 춘다. 같이 춤출 겨
를도 없이 **루브르** 박물관으로
향한다. 루브르는 총 40만 점이
넘는 소장품으로 유럽에서 최대
이자 최고의 박물관이다. 광장

루브르 박물관

앞의 유리 피라미드가 먼저 우리를 반긴다. 대형 유리 피라미드 주위에
는 소규모 피라미드 4개가 있고, 지하 1층에 거꾸로 된 피라미드가 있
어 또 다른 상징이 되고 있다. 광장 한쪽에는 루브르 박물관의 원동력
인 루이 14세 청동 기마상이 있다.

루이 14세 청동 기마상

17세기에 예술을 사랑한 루이 14세는 루
브르를 왕실 미술품 전시관으로 활용하고
궁전을 베르사유로 이전한다. 이후 나폴레
옹의 수많은 정복 전쟁으로 다량의 유물이
넘쳐난다. 나폴레옹 3세는 루브르 박물관을

확장했고, 1981년 미테랑 대통령 때는 프랑스대혁명 200주년 기념으로 유리 피라미드를 설치하였다.

루브르 통로

스핑크스

루브르 박물관은 지하 1층, 지상 3층으로 드농관, 리슐리외관, 쉴리관으로 나뉜다. 소장품들은 고대 오리엔트, 아랍, 고대 이집트, 고대 그리스, 에트루리아, 로마의 미술, 회화, 조가, 판화, 공예품 등으로 구분된다. 지하의 긴 통로의 성벽은 루브르가 옛날 요새였음을 말해 준다. 약탈당한 이집트의 스핑크스가 우리를 맞이한다. 반가움과 안타까움에 쓰다듬어 본다.

쉴리관으로 들어서니 그리스관의 영웅 밀로의 비너스상이 아름다운 자태를 뽐내고 있다. 밀로스 섬에서 농부가 발견했을 때는 두 팔은 발견하지 못했지만 이후, 산산조각이 난 비너스의 손을 발견하여 철저한 복원 작업을 거쳤다. BC 100년경에 제작된 것으로 추정하고 있다. 비너스상은 상체와 하체를 제작하여 붙였다는 것을 이제야 안다.

밀로의 비너스상

쉴리관 2층 층계참에 있는 승리의 여신 〈니케상〉은 BC 190년쯤으로 추정한다. 니케상은 뱃머리 위에 세운다는 전통에 따라 오스트리아 고고학팀이 배를 재현하였다. 니케상은 발견 당시부터 머리가 없었고 오른쪽 날개 일부는 복원되었다.

3층은 회화의 전시장이다. 레오나르도 다빈치

니케상

를 가장 유명하게 만든 〈모나리자〉는 루
브르에서 가장 많은 관광객을 끌어들이고
있다. 어느 쪽에서 보든 모나리자의 시선
과 마주친다더니 정말 그렇다. 완벽한 보
존을 위해 각종 빛을 반사하는 방탄유리
상자에 넣어 보관하고 있다. '모나'는 결혼
한 여자의 경칭이고 '리자'는 이름이란다.

레오나르도 다빈치 「모나리자」

이탈리아에서는 천재라서 광인 취급 받았던 다빈치를 루이 12세는 파
리로 모셔온다.

이때, 다빈치의 〈모나리자〉가 따라와서 지금의 루브르를 빛내고 있
다. 루이 12세는 존경하는 다빈치를 자주 보기 위해, 자신의 궁과 다빈
치의 거주지를 연결하는 땅굴을 파고 왕래했다고 한다.

다비드 「나폴레옹 대관식」

화가로서 루브르의 1
등 공신은 다비드인 것
같다. 다비드의 〈나폴레
옹의 대관식〉은 나폴레
옹 자신이 황제의 관을
받는 것이 아니라 아내
조세핀에게 관을 수여하
는 형식이라 좀 재미있

다. 등장인물은 200명이고, 75명의 얼굴은 누구인지 알 수 있다 한다.

10m 길이로 루브르에서 제일 큰 작품인 〈가나의 결혼식〉은 베로네세의 그림으로 예수님이 물을 포도주로 바꾸는 기적을 그린 그림이다. 실제 가나의 결혼식은 보잘것없는데 베니스의 한 연회처럼 묘사했단다.

베로네세 「가나의 결혼식」

앵그르 「오달리스크」

제리코 「메두사호의 뗏목」

들라쿨루아 「민중을 이끄는 여신」

앵그르의 〈오달리스크〉는 아랍 술탄의 애첩을 표현했다. 엉덩이 부분을 기형적으로 크게 그린 것은 아랍의 여자들을 비하했기 때문일 것이다. 제리코의 〈메두사의 뗏목〉은 실제 세네갈 해안에서 범선 메두사가 난파되어 일어난 비극을 그렸다 한다. 들라크루아의 〈민중을 이끄는 자유의 여신〉은 민중들이 일으킨 1830년 7월 혁명의 모습을 그렸는데, 들라크루아는 여신의 오른쪽에 자신의 모습도 넣었다. 미켈란젤로의 스승인 기를란다요의 〈어린 소년과 함께 있는 노인〉이다. 딸기코의 노인은 보잘것없는 외모지만, 손자를 바라보는 눈길만큼은 어느 천사에도 비할 바가 없다.

루벤스 전시실! 루벤스! 〈플란다스의 개〉의 주인공 네로가 좋아하던 화가라서 만나고 싶은 작가였다. 여기는 루벤스의 전시실이며 마리아 데 메디치의 전시관이다. 메디치 가문의 딸이고, 앙리 4세의 왕비인 마리아 데 메디치의 일생을 그린 24점의 그림이 이 전시실을 메우고 있다. 베르사유로 입성하는 순간의 그림과 아들 루이 13세와의 불화와 화해의 그림이 가장 눈길을 끈다.

루벤스 전시실

다시 조각상이 있는 곳으로 이동한다. 〈잠든 헤르마프로디테〉는 헤르메스와 아프로디테의 사랑으로 태어난 양성애자로 남녀의 모습을 하고 있다. 인간의 원초적인 모습은 이랬을까?!

「잠든 헤르마프로디테」

280

〈큐피드의 키스로 환생한 프시케〉가
화사한 조각으로 눈에 띈다. 비너스에
게 미움을 산 프시케는 큐피드와의 이
별 후, 죽음의 잠에 빠지고, 큐피드가
사랑의 키스로 프시케를 깨우는 장면
을 묘사한 것이다.

「큐피드의 키스로 환생한 프시케」

역시 미켈란젤로다. 누가 제목을 붙
였는지 모르지만 미켈란젤로의 〈죽어
가는 노예〉는 제목을 잘 지은 것 같
다. 사람이 죽어갈 때는 이런 표정이
지 않을까 한다.

아! 세계 최초의 성문법! 학창 시절
에 바빌로니아가 어디쯤 있는지도 잘
모르면서 외우고 외웠다. '눈에는 눈,
이에는 이'로 유명한 **함무라비 법전**.
BC 19세기 초 바빌론의 법전이 돌에
새겨져 있다. 바빌론이 얼마나 잘 살
았는지를 알 만하다. 그 시대에 글자
가 있었다는 것도, 최초의 법전을 만
들었다는 것도 위대하지만, 법전이 루
브르에 남아있음은 더욱 놀랄 일이
다. 바빌론의 유적들이 많이 훼손된
것은 세계적으로 슬픈 일이다.

미켈란젤로의 「죽어가는 노예」

함무라비 법전

281

루브르의 작품 감상을 두루뭉술 끝냈다. 영국의 대영 박물관은 인류가 걸어온 삶의 흔적을 고대유물을 중심으로 기록했다면, 루브르는 인류가 향유한 문화의 발자취를 기록했다고 나름 정리를 해 본다. 루브르에도 고대 유물도 많이 있지만 15~17C 르네상스 미술이 주를 이룬다고 느꼈기 때문이다.

**몽마르트르 언덕**으로 향한다. 예술가들에게 아름다움의 대명사로 불리운 몽마르트르 언덕. 여행을 오기 전에 센강과 몽마르트르 언덕에서 실망을 많이 할 거라는 말을 누차 들었기 때문에 언덕에 올라 덤덤

몽마르트르 언덕

하게 가이드의 설명을 듣는다. 몽은 산을, 마르트르는 순교자를 의미하며, 3세기 다신교를 믿던 프랑스에 초대 주교 생 드니가 복음을 전하다 참수형을 당한 곳이란다.

몽마르트르 사크레쾨르 성당

언덕 꼭대기에는 1870년 프로이센과의 전쟁에서 승리를 다짐하기 위해 국민들의 기금으로 지었다는 사크레쾨르 성당이 있고, 성당의 양쪽에는 잔 다르크와 루이 9세 기마상이 있다. 성당 마당에 서니, 파리 시내의 전경이 피사로의 〈몽마르트르 거리의 봄날 아침〉이 오버랩되며 눈앞에 펼쳐진

다. 따스하고 사랑스러운 몽마르트르다. 기대하지 않은 보람인가 보다. 예술가들의 아지트답다.

어디쯤에 고흐와 고갱은 앉아 있었을까. 피카소도 이 계단을 거닐었을까? 우리의 불쌍한 마리 앙투아네트도 이곳에 와봤다면 파리의 생활이 그리 외롭지는 않았을 텐데. 학창 시절에 마리 앙투아네트가 주인공인 〈베르사유의 장미〉라는 만화를 얼마나 애달픈 마음으로 보았는지. 오스트리아 마리아 테레지아의 막내딸로 14살의 어린 나이에 프랑스로 시집온 불운의 왕비. 사치의 대명사로 불리며 프랑스 혁명을 촉발시킨 마리 앙투아네트. 단두대의 이슬로 사라진 왕비… 남편인 루이 16세는 내성적이고 무뚝뚝하고 외모도 볼품이 없었단다. 그녀는 외로움을 달래기 위해 귀족들과 호화로운 파티를 열고, 비용은 국민의 세금으로 부담하였다는 이야기다.

# . 16 .

## 나폴레옹의 개선문. 패션과
## 유행의 상징 샹젤리제 거리 - 프랑스

개선문. 1806년 프랑스 군대의 승
리를 기념하기 위해 나폴레옹에 의
해 세워졌다. 문 위의 조각상은 산
마르코 성당을, 형태는 로마 콘스탄
티누스 개선문을 모방했다. 개선문
바닥에는 순직한 용사들의 이름이

개선문

새겨져 있다. 나폴레옹 명에 의하여 세워졌으나 자신은 죽어서 이문을
통과하여 영면에 들었다고 한다.

개선문

광장은 12개의 대로가 방사형으로 연결되
어 하늘에서 보면 별처럼 보인다 하여 별의
광장(리알토 광장)이라 부르기도 한다는데 올
라가 보지는 못해 아쉽다. 매일 저녁 6시 30
분에 순직용사들을 추모하는 불꽃 행사가 열
린다는데 지금은 태양이 내리쬐는 한낮이다.

상젤리제 거리

 

세계를 대표하는 패션과 유행의 거리 **상젤리제 거리**에 들어선다. 넓은 인도와 길 가장자리에 있는 커피숍은 바르셀로나의 람블라 거리를 연상시킨다. 건물 하나하나가 고풍스럽기도 하지만, 명성만큼 화려하고 낭만적인 분위기로 보이지는 않는다.

　그렇게도 와보고 싶던 유럽. 탐험은 끝났지만 갈증은 더 심해진다. 아쉬움을 남겨두고 공항으로 출발한다. 이미 내 머릿속에는 3년 후의 유럽 여행에 대한 구체적인 프로그램이 짜여있다.

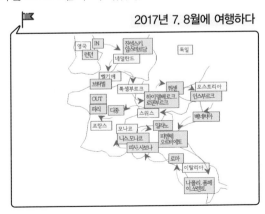

# 아테네학당 (아카데미아 BC387~AD599.그리스 최초의 대학 –플라톤 설립)
– 라파엘로(1510-11)그림. 바티칸미술관. 서명의 방

1. **플라톤** BC428 –(레오나르다빈치–모델) 이데아.
2. **아리스토텔레스** BC384 –니코마코스 윤리학책. 경험철학.
3. **테오프라스토스** BC371–아테네학당총장. 식물학.
4. **아리스티포스** BC435–소크 제자. 삶의 목표–행복(쾌락),
5. **아이스키네스** BC390–소크라테스 제자 임종지킴. '대화편'
6. **알키비아데스** BC450–소크라테스 제자 군인. 정치가.
7. **크세노폰** BC430–소크 제자 역사가. 마키아벨리가 존경
8. **알렉산더** BC356–아리스토텔레스 제자
9. **소크라테스** BC469–들창코인 대머리. 삶의 목표는?
10. **디아고라스** BC4??–최초의 무신론자
11. **고르기아스** BC487– '존재하는 것은 없음'. 허무주의.
12. **크리티아스** BC460–플라톤 사촌. 참주의 공포정치
13. **제논** BC490–역설의 논리. 존재자는 하나. '날아가는 화살은 움직이지 않는다'.

**14** 에피쿠로스 BC341–유물론자. 삶의 목표 –쾌락.

**15** 아낙시만드로스 BC610–해시계를 발명. (물이 불을 죽인다고 탈레스를 부정) 근원: 공기

**16** 피타고라스 BC580 –'만물은 수'

**17** 아낙사고라스 BC500–'만물은 누스(지성)'

**18** 히파티아 AD350 –알렉산드리아 여성 수학자

**19** 파르메니데스 BC510–"존재하는 것(이성)만 사유됨.

**20** 헤라클레이토스 BC540–같은 물에 두 번 들어갈 수 없다.

**21** 디오게네스 BC400–(알렉산더 햇빛) 금욕.

**22** 유클리드 BC330–기하학을 설명 소크 제자

**23** 프톨레마이오스 AD100–지구가 우주의 중심 천문학자

**24** 조로아스터 –BC10C. 조로아스터교. 서양종교에 영향

**25** 라파엘로 1483년생. 1510년–11에 아네네학당 그림

# chapter 6

7

두바이
이집트

# 두바이에서 베두인과 행복한 식사를 하다.
# 고대 대제국 이집트에서 람세스 2세와 조우하다

여행의 시작은 기다림에서 온다. 신화 속에만 존재할 것 같은 나라. 현재 이집트라는 나라가 있음에도 너무 신비로워서 이 이집트가 그 이집트일까 의문을 가졌던 나라. 얼마나 가고 싶었던가. 교과서를 통해서, 〈람세스〉라는 책을 통해서. 이집트는 꿈속에서나 볼 수 있는 곳이었다. 2010년 아랍의 봄이 일어났을 때에야 현실 속에 존재하는 이집트를 직시한 것 같다.

두근거리는 가슴으로 무조건 출발한다. 피라미드도 보고 싶고, 아부심벨에도 가고 싶지만, 카르나크가 먼저 손짓한다. 람세스 2세가 어린 시절부터 왕으로서의 담력과 자질을 키운 곳. 카르나크 신전에 도착하면 람세스 2세가 하얀 치마바지를 걸치고 걸어 나오겠지. 두바이를 경유해서 간다. 두바이에서 하룻밤을 자고 나머지는 이집트다.

# .1.

## 인간의 한계를 극복한 두바이

주인공인 아들은 원하지 않았지만, 아
들 대학 졸업을 축하한다는 명목으로 남
편, 아들과 함께 이집트로 출발한다. 13일
00:15에 인천공항을 떠나 05:50에 아랍에
미리트 아부다비에 도착. 시차는 5시간.

아부다비 공항

나룻배에 동력을 단 수상택시 아브라
를 타고 신시가지에서 바다를 가로질러
구시가지로 간다. 구시가지는 걸프만의
바닷물이 흘러들어와 L자 모양으로 흐
른다. 금보다 비싸다는 샤프론, 허브와
향신료로 가득한 바구니에서 전통적인
분위기와 향을 거리 곳곳에서 느낀다.

구시가지

다시 아브라를 타고 신도시로 나오니 부드러운 모래로 이루어진 주메
이라 비치다. 돛단배 모양의 7성급 버즈 알 아랍 호텔을 배경으로 인증

샷을 찍는 것은 필수. 버즈 알 아랍 호텔은 밤에는 무지갯빛의 놀라운 조명을 발산한다는데 그 화려한 야경을 보지 못하고 야자나무 모양의 인공섬으로 떠난다. 15m 지상 위에서 모노레일을 타고 간다.

주메이라 비치

팜 주메이라

이 야자섬은 팜 주메이라라고 부른다. 튤립 모양의 세계 최고급 아틀란티스 호텔이 중심을 이루고, 야자수 잎 모양의 17개 섬이 주변을 감싸고 있는 형태다. 팜 주메이라의 외관과 함께 아름다운 걸프만의 경치를 통해 인간의 위대함을 또 한 번 느낀다. 모노레일에서 내리니 야자수 해변이 부촌의 전형을 보여준다.

이제는 두바이 몰로 유명하고, 세계에서 가장 높은 건물 버즈 칼리파. 148층 탑 스카이라운지에 올라 360도 시내를 보는데, 사막에 이런 건물을 지었다니 아랍인의 도전 정신이 무섭기까지 하다. 막상 올라왔지만, 아래는 모두가 사막이라 황량하기 그지없다. 아들은 실망하지 말고 세계에서 가장 높은 빌딩에 온 것에 의미를 부여하란다.

버즈 칼리파

음악 분수 쇼 광장을 배경으로 사진에 담아 본다. 톰 크루즈 주연의 〈미션 임파서블 4〉 촬영지로도 유명한 곳이다. TV 프로그램인 〈꽃보다 할배〉의 할배들이 감상하였던 장소를 찾아 우리는 또 셔터를 누른다.

오늘의 마지막 일정은 사막 투어다. 남편은 신청을 못 해서 나와 아들만 호텔 픽업 차량을 타고 40분 달려서 레드 사막에 도착한다. 차량은 사막의 모래 위를 곡예를 하며 달린다. 무서움에 소리를 지르니 아랍의 기사는 우리의 두려움을 즐기고 있다. 사막이라면 당연히 낙타를 타야 하는데, 얼마 전에 한국 여성이

사막 투어

낙타에서 낙마한 사고가 있었기에, 우리 패키지에서 낙타 투어는 사라졌다. 사막에 가고 싶었고, 그 사막에서 낙타를 타고 싶었는데, 낙타를 타는 것은 다음 기회로 또 미루어야 할 것 같다.

사막 투어

사막 투어가 끝나고, 사막 한가운데에 있는 베두인 마을로 이동한다. 베두인 마을에도 가고 싶었고, 그들과 식사도 한 끼 하고 싶었는데, 내 눈앞에서 이 모든 일이 벌어지고 있다. 2월인데, 여기도 지금이 겨울인데 우리의 초가을 날씨다. 사막의 밤은 엄청 춥다는데 벨리 댄스와 불쇼의 열기가 있어서인지 참 따스하다. 이렇게나 별이 많을 수 있다는 것도 신기하다. 세상의 별들이 모두 모여 있는 것 같다.

사막 투어

　드디어 베두인들이 준비한 음식을 먹어본다. 하고 싶었던 것을 또 하
나 이루었다. 여행객인 우리도, 외국인들도 모두가 하나의 원주민이다.
같이 목청껏 노래 부르는데 눈물이 난다. 욕심부리지 않고 사는 삶이
진정 행복이라고 인지했기 때문이리라. 저녁 늦은 시간 두바이 호텔에
도착하여 여행의 첫날을 보낸다. 내일은 이집트다. 더 강한 설렘이 기다
린다.

# .2.

# 이집트 5,000년의 역사를 집대성한
# 고고학 박물관

조식 후, 아부다비 공항에서 09:35에
출발. 11:45에 카이로에 도착. 공항의
벽화가 이집트에 왔음을 알려준다. 정
말 이집트에 왔다. 공항부터 카이로 시
내로 들어갈 때까지 람세스 2세가 우리

카이로 공항

를 맞이한다. 사막 기후의 카이로는 먼지가 많아 희뿌옇다. 문명이 빗
겨간 듯하면서 현대인의 삶이 녹아든 복잡한 풍경의 도시다.

이집트 민주화운동이 일어난 타흐리르 광장을 지나니 박물관이 보인
다. 무질서가 질서라는 카이로 시내는 말 그대로 질서라곤 찾아볼 수
없다. 신호등 하나 없는 길을 사람도, 마차도 잘도 다닌다. 길거리는 인
도(India)를 연상시킨다. 많이 지저분하다. 높다란 성벽은 로마의 속국
이었음을 알려준다.

파라오의 미라 등 25만 점이 넘는 유물이 보관되어 있고, 이집트
5,000년의 역사를 집대성한 고고학 박물관이 우리의 첫 여행지다. 우
리의 답사는 카이로, 아스완, 아부심벨, 룩소르, 기자까지 나일강을 중

심으로 이어질 것이다.

약 2,400년 동안, 다른 나라의 지배를 받아 온 이집트 박물관에는 어떤 역사가 있을까? 세계에서 가장 오래된 상형문자인 히에로글리프가 있는 나라이고, BC 2500년경에 피라미드를 만든 문명국이다. BC 4세기에 알렉산더가 침략하기 전까지의 원주민은 수단인과 다르지 않았을 것이다.

알렉산더가 죽은 후, 그의 장군이었던 프톨레마이오스가 아프리카 지역을 지배하며 프톨레마이오스 왕조가 시작된다. 그리스의 속국이 되었음에도 이집트는 오래된 문명국가에 걸맞게 알렉산드리아를 중심으로 서양 철학의 중심지가 된다.

그리스가 망하자, 이집트는 다시 로마의 점령지가 되어 642년까지 비잔틴 제국의 관할 하에 들어간다. 7세기 이슬람의 침략으로 1,000년 이상은 아랍의 지배하에, 19세기에는 프랑스 영국의 지배하에 있다가 1952년에 독립하여 2,400년 만에 본토 출신의 통치자가 나온다.

**고고학 박물관** 입구 스핑크스와 작은 오벨리스크가 우리를 반긴다. 탑문처럼 생긴 정문 한가운데에 행복의 여신 하토르상이 있다. 비너스, 아프로디테에 해당한다. 정문의 왼편에는 프톨레마이오스 마지막 황제라 할 수 있는 클레오파트라 7세가 서 있고, 오른편에는 왕국을 전성기로 만든 프톨레마이오스 3세의 동상이 있다.

고고학 박물관

1층에 들어선다. 고대 이집트 그림문자 히에로글리프를 해독하는 열쇠가 된 로제타 스톤이 여기에 있다. 2년 전에 영국 대영 박물관에서 본로제타 스톤의 복제품이다. 로제타 스톤에는 프톨레마이오스 5세의 공덕을 찬양하고 전국에 파라오의 석상과 사당을 세운다는 〈멤피스 법령〉이 기록되어 있다.

로제타 스톤

19세기 말 프랑스 군사가 이집트의 로제타 지역에서 글씨가 새겨진 커다란 돌판 하나를 찾아낸다. 처음에 나폴레옹의 소유가 되지만 나폴레옹이 영국에 패하면서 영국이 차지하게 된다. 그래서 대영 박물관에 있는 것이 진품이란다. 이럴 수가. 역사는 승자의 몫이니까.

샹폴리옹 흉상

바로 옆에 로제타 스톤을 해독하여 로제타 스톤의 가치를 높여준 샹폴리옹 흉상이 있다. 이렇게 고마운 샹폴리옹이 왕들의 계곡에 있는 세티 1세 무덤을 통째로 부수고 벽화를 뜯어내어 이탈리아 학자와 나누어 가졌단다. 이 벽화들은 현재 '거울에 비친 모습'이라는 이름으로 루브르와 이탈리아 토리노 박물관에 소장되었다니 이런 아이러니가 또 있을까.

이집트의 고미술품이 함부로 해외에 반출되자 프랑스 고고학자 오거스트는 19세기 초에 카이로 교외에 박물관을 세웠고, 1902년에 이집트 정부에서 현재의 자리로 옮겼다 한다.

1, 2층으로 구성되어 있는 박물관에는 107개의 전시실이 있고 1층은 연대별로 왕조의 거대한 조각상이 전시되어 있다. 2층에는 투탕카멘 부장품과 람세스 2세 및 역대 파라오의 미라를 모아 놓은 관들이 있다. 박물관 벽에 풍뎅이

박물관 정면

조각상이 있는데, 고대 이집트인들이 풍뎅이를 신성시해서 박물관 로고를 풍뎅이로 정했다고 한다.

카프레왕

1층 정면으로 멤논의 거상으로 유명한 아멘호테프 3세와 왕비의 좌상이 있다. 이집트=람세스 2세로 각인된 나는 박물관 한가운데에 람세스 2세가 없음에 갸우뚱하다가 영국 박물관에서도 아멘호테프 3세의 두상이 이집트관을 대표하고 있었던 걸 기억한다. 이집트를 가장 번영되고 부강한 나라로 만든 왕이었다는 걸.

멘카우레왕과 두 여신

옆으로는 기자 피라미드의 주인공 카프레왕이 흑갈색의 좌상으로 있고, 그의 아들 멘카우레왕과 두 여신의 입체상이 흑갈색으로 서 있다.

298

장제 신전을 만든 하트셉수트 여왕의 석상은 가슴 위와 무릎 아래만 있고 중간의 몸통은 없는데, 얼굴선이나 입술 오뚝한 코, 눈매를 볼 때 상당한 미인이다.

옆에는 세계 최초 일신교인 태양신을 숭배한 아멘호테프 4세가 있다. 아멘호테프 4세는 일신교로 종교개혁을 시도하고 BC 14세기에 아크나톤(태양 숭배)으로 자신의 이름도 바꾸지만, 그가 죽은 후 아멘 신앙은 다시 부활한다.

하트셉수트 여왕의 석상

아크나톤은 배와 허리가 불룩 나와 여성인지 남성인지 알아보기 어려운 모습으로 표현되어 있다. 고대 이집트 미술에서 전무후무한 조각상이라 한다. 아크나톤은 복이 많은 남자였던 것 같다. 이집트 3대 미녀 중 두 명과 같이 살았으니. 네페르티티는 그의 왕비였고, 아낙수나문은 그의 딸이었다.

아크나톤

태양에서 쏟아지는 빛을 받는 아크나톤의 모습을 담은 커다란 부조판이 화려하고 밝아서 눈길을 끈다. 이는 태양신으로부터 백성을 구하고, 생명을 얻으려는 아크나톤의 노력이라고 해석하고 있다.

아멘호테프 4세와 그의 가족이 아텐을 신앙하고 있는 모습

2층으로 올라가면 **투탕카멘**
유물들을 관람할 수 있는 전시
관이 따로 있다. 도굴되지 않은
것은 투탕카멘이 어린 나이에
죽어서 무덤이 작기도 했지만,
람세스 5, 6세의 무덤을 봉분식
으로 덮어버렸기 때문이란다.

미라의 얼굴을 덮고 있던 투
탕카멘의 황금 마스크는 1922
년에 발굴되었으며 11kg의 금이
사용되었다고 한다. 과연 인간

투탕카멘의 황금 마스크[courtesy wikipedia]

이 만든 것인지 의심할 만큼 화려하다.

캐노푸스

내장을 담은 캐노푸스는 황금으로 도금되어
있고, 4명의 신이 둘러싸고 있다. 미라를 만들
때 부패하기 쉬운 시신의 간, 폐, 위, 장은 캐노
푸스란 항아리에 담고 심장은 절개하지 않았다.
저승세계에 가서 지하의 신 오시리스에게 심판
을 받기 위해서라고 한다.

자칼 의자가 독특하고
멋스러워 주의를 끈다. 아
낙수나문이 투탕카멘의 어
깨에 향유를 바르는 모습
이 새겨져 있다. 아낙수나
문과 투탕카멘은 부부이

자칼 의자

며 아크나톤의 배다른 자식이다. 개의 머리에 남자의 몸을 한 자칼은 시체를 먹는 청소 동물로 알려져 있다. 자칼의 임무는 죽은 자의 심장을 진리의 저울에 달아 그 사람이 다시 영생할 수 있는가를 측정하는 일이란다. 불교의 지장보살도에도 개가 나타나는 것을 보면 종교와 신화는 통하나 보다.

사람뿐만 아니라 동물들도 미라로 만들어 보존했다고 하니 영생에 대한 이집트인의 사고도 신기하면서도 그 많은 미라를 만들어낸 고대 이집트의 경제력도 궁금하다. 너무 많은 유물을 너무 많은 관광객 사이로 위 아래층을 바삐 돌아다니며 보았다. 보긴 보았지만, 안 본 것 같은 허전함과 아쉬움은 어쩌랴. 12만여 점을 통해 그들의 긴 역사를 알기에는 터무니없는 시간이다.

더 아쉬운 것은 로컬 가이드로부터 상세한 내용을 전달받을 수 없다는 점이다. 설명을 듣고 싶은 지적 호기심은 하늘만 한데 박물관 안에서는 불가능하단다. 왠지 속고 있는 느낌…

1층에서 이집트의 영웅 람세스 2세가 우리를 배웅하기 위해 우뚝 서 있다. 카이로 공항에서 22:15 출발. 23:40 아스완 공항

람세스 2세

에 도착. 소형 배를 타고 나일강 건너편에 있는 HELNAN ASWAN 호텔에 여장을 푼다.

# .3.

# 나일강의 홍수를 통제하는 아스완 하이 댐.
# 미완성 오벨리스크. 이시스를 모시는 필레 신전

오늘은 휴양지로 소문난 아스완
하이 댐과 미완성 오벨리스크와
빛과 소리의 쇼가 있는 필레 신전
을 답사한다.

하이 댐

아스완은 수단과 에티오피아의 상업·교통 중심지를 이룬 곳이며, 아
스완댐으로 유명하다. 또한 이국적인 풍경과 온화한 기후로 이집트인
들의 대표적인 겨울 휴양지로 펠루카 여행의 중심지이며 고단했던 여행
에 쉼표가 되어주는 휴식처와 같은 곳이란다.

하이 댐은 1960년 러시아의 기술로 시작해 1971년에 완성되었는데
길이가 3.6km나 되는 거대한 댐이다. 완성된 해에 나일강 홍수를 사
상 처음으로 통제 관리했으며, 이집트 전기의 50%를 공급하여 이집트
의 경제 발전을 이끌었다 한다.

부정적인 결과도 초래했는데 나일강 양쪽 농경지의 생산성 저하와
누비아 지역 20개의 신전과 많은 무덤들이 수몰되었다. 또한 아부심벨

에 있던 고대 신전을 많은 비용을 들여 이동시켰으며, 이집트 농부와 수단 누비아 지역의 유목민이 이주해야만 했다.

이시스 신전으로 가는 도중 42m의 미완성 오벨리스크를 만난다. 람세스 2세가 오벨리스크를 만들기 위해, 석공들을 만나던 곳. 책을 통해 상상하던 채석장의 모습은 온데간데없다. 강가 바로 옆으로 뽀얀 석산이 있으리라 생각했는데, 3,500여 년의 세월이 흘렀으니, 당연히 지도는 변화가 있었겠지.

미완성 오벨리스크는 하트셉수트(BC 15세기) 여왕의 명으로 제작되었다. 고대 이집트 오벨리스크로는 가장 컸을 것으로 추정된다. 화강암에 구멍을 낸 후 마

미완성 오벨리스크

른 막대기를 쐐기처럼 끼워 넣고 물을 부으면 나무가 팽창하면서 결에 따라 석재가 쪼개지는 방식으로 돌을 잘랐다.

관리인이 체험하라며 화강암을 다듬을 수 있는 큰 돌(현무암)을 주길래 받아 쥐고 아들과 기념사진을 찍자 돈을 달란다. 아 이런 거였지. 웃으며 2유로를 건넨다.

오벨리스크는 고대 이집트 왕조 때 태양신앙의 상징으로 세워진 기념비로서 단면은 사각형이고 위로 올라갈수록 가늘어져 끝은 피라미드 꼴이다. 클레오파트라의 바늘이라 불리며 유럽 여러 나라에 세워져 있다.

펠루카를 타고 아
스완 지역의 대표신
전인 이시스 신전으
로 간다. 펠루카 안에
서 뱃사공은 자연스
럽게 춤으로 이끈다.

분묘와 펠루카

대학을 막 졸업한 아들과 강원도 아가씨가 예뻐 보였는지 뱃사공은 둘
을 무대 위로 이끄니 그 또한 즐거움이라 모두가 하나 되어 한참을 웃
는다. 강 옆으로 있는 귀족들의 분묘와 신전이 작은 구멍처럼 보인다.

펠루카 안에서 보이는 **이시스 신전**은 그 자체로 신성(神聖)해서 나도
모르게 경건해진다. 이시스는 오빠 이시리스의 아내가 되어 호루스를
낳았다. 이시스는 세트의 손에 죽은 남편 이시리스의 잘린 유해를 찾
아내어 원래대로 맞추어 매장하고 자식 호루스를 온갖 위험으로부터
보호하며 양육한다. 이러한 일들로 이시스는 현모양처의 본보기가 되
는 여신이 된다.

어느 날 하토르 여신은 세트의 공격을 받아 눈을 잃고 쓰러져 있는
호루스를 구하고 둘은 사랑에 빠져 결혼한다. 후일 호루스는 장성하여
세트를 물리치고 상하 이집트를 통치한 최초의 파라오가 되었고 이시
스를 대모신이자 수호신으로 승격시킨다. 이시스는 머리에 난 암소의
뿔 사이에 태양 원반을 이고 있는 여성이나 아기 호루스를 무릎 위에
앉혀 놓은 여성으로도 묘사된다.

필레섬에 있는 필레 신전에서 지혜와 미의 여신인 이시스신을 섬겼다. 하이 댐 건설로 필레섬이 물에 잠기게 되자 1975년에서 1980년 사이에

필레 신전

유네스코에서 150m 북쪽에 있는 아킬리카섬을 조성한 후 필레 신전을 옮겨서 지금은 필레 신전으로 불리고 있다.

BC 4세기 프톨레마이우스 왕조부터 4세기 초 로마 시대까지 이집트에 다양한 신전이 세워지는데, 필레 신전은 로마 건축의 냄새가 짙게 배어나는 곳이다. 고대 건축은 웅장하지만 밋밋한데, 그리스 로마 시대로 가면서 기둥에 꽃이 피는 디테일한 형태가 되었다.

선착장에서 나와 짐 검사를 받고 **이시스 신전** 안으로 들어선다. 섬의 끝자락에 기독교를 지독히 박해했던 디오클레티아누스 황제(3세기)의 문이 있다. 반면, 여기저기에서 콥트 십자가가 발견되는데, 기독교 전파를 위해 노력한 유스티아누스 황제(6세기)의 유적이다. 공존하는 모습이 재미있다.

신전의 대문인 탑문 전체에 프톨레마이오스 1세, 이시스 여신, 호루스신, 하토르신이 부조로 버티고 서 있다.

저녁 6시 30분이 되자 웅장한 음악 소리가 울리면서 **빛과 소리의 향연**이 시작된다. 안뜰로 들어서니 열주의 윗부분은 여느 주랑의 모습처럼 연꽃 모양이 있으나 그 위에 이시스 여신의 두상이 있는 게 독특하다. 신비로움과 경건 속에 동참하고 있음에 감사하며, 빛에 따라 이동한다.

305

빛과 소리의 향연을 보기 위해 마당에 자리를 잡는다. 영상으로 스토리텔링이 진행되는데 영어로 말하니 내용은 알 수 없고 분위기로 이해한다. 10시 15분에 신전의 피날레가 이루

필레 신전 야경

어진다. 사실 빛과 소리의 대명사인 신전의 야경은 카르나크 신전에서 장식하고 싶었다. 카르나크 신전에서 람세스 2세를 볼 수 있을 것 같았는데… 그 광경을 항상 그려왔는데… 너무 아쉽다…. 그래도 필레 신전에서 본 것만으로도 얼마나 감사한 일인가.

돌아오는 선착장에서 바라본 필레 신전의 야경은 감탄을 자아내기에 충분하다. 낮에 보는 신전이 전체적으로 입체적이라면, 밤의 신전은 몽환적인 신비로움이다.

크루즈에 도착하여 저녁 식사하고 밤을 보낸다. 크루즈 여행도 꿈꾸었는데 크루즈 안에 이렇게 완벽한 호텔이 있을 줄이야. 행복은 소소한 곳에서 온다. 고된 여행에서 얻는 달콤한 선물이다.

크루즈

# .4.

## 람세스 2세의 아부심벨과 네페르타리의 소신전. 악어와 호루스를 모시는 콤 옴보 신전

아부심벨 신전은 이집트 최남단에 있다. 우리가 있는 아스완에서 4시간 정도 사막을 통과해야 한다. 세계에서 가장 장려한 건물이자 이집트 대표적 유적지를 향해 도시락을 지참하고 새벽 4시 30분부터 서둘러 출발한다.

1813년 스위스인이 양수기를 팔러왔다가 우연히 람세스 2세(BC 13세기)의 이중 왕관을 발견한 후, **아부심벨**이 발굴되었다. 신왕국의 대표인 람세스 2세는 아버지 세트 1세에 의해 단련된 왕으로 24세 즉위하여 67년 동안 통치한다. 이전

아부심벨

에는 스핑크스와 돌과 신들이 중심이었다면, 람세스 2세에 와서 인간이 중심이 되는 르네상스가 시작된 것은 아닐까 추측해 본다.

**람세스 2세 대신전**은 암벽을 통으로 60m 깊이로 깎아 만든 암굴 신전이다. 아스완댐 건설 시 나세르호를 만들면서 1964년부터 4년에

걸쳐 1,042조각으로 잘라 앞쪽의 신전만 이전하여 조립하였고 하부는 인공 구조물로 지지하고 후면은 산처럼 마무리하였다.

대신전 쪽으로 들어서자 웅장한 흙산이 눈앞에 펼쳐진다. 책에서 많이 보아왔던 람세스 2세의 좌상들이 우

람세스 2세 대신전

리를 맞이한다. 높이 22m의 거대한 람세스 2세의 20대 30대 40대 50대 과정을 연출한 네 개의 좌상은 각각 상하 이집트 통합 왕관을 쓰고 있으며 좌우 양쪽 받침대에는 자신의 용맹을 과시한 히타이족인 카데시(현 시리아) 전투 장면이 새겨져 있다.

람세스 2세는 카데시 전투를 가장 자랑스럽게 생각하여 아부심벨 대신전의 벽, 성소, 카르나크 신전, 룩소르 신전 등 거의 모든 신전에 이 전투에 대해 기록하였다. 대신전 입구 람세스 2세 다리 사이에는 흥미롭게도 네페르타리 왕비와 왕녀들이 조그맣게 조각되어 있고 발 앞에는 매 형상을 한 호루스 조각상들이 있다. 원래 호루스신을 위해 지은 신전이었으나 실제로는 람세스 2세 자신을 위한 신전으로 알려져 있다.

가이드는 신전에 들어가기 전에 우리를 광장에 세워놓고 차 안에서 설명한 내용을 똑같이 열변을 토하며 얘기한다. 빨리 들어가 하나라도 더 보고 싶은 마음을 알 리

람세스 2세 대신전

없는 가이드가 야속할 뿐이다. 람세스 2세의 30대 좌상 머리 부분은
세월을 견디지 못해 몸체 바로 아래에 떨어졌는데 그대로 보존하는 것
도 역사의 한 페이지로 보여서 그 또한 좋다. 만져보고 싶었는데, 시간
에 쫓겨 속상하다.

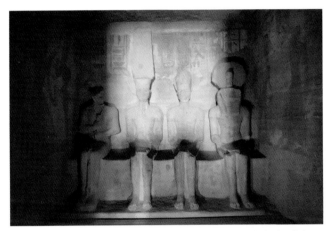

신전 내부 「성소」

신전에 들어서니 오시리스 형상의 람세스 2세 입상 여덟 개(2개 소실)
가 우리를 맞이한다. 천장은 날개를 펼친 천사의 벽화로 꽉 채워져 있
고, 기둥과 벽면은 람세스 2세가 태양신 라, 오시리스신, 호루스신, 하
토르신에게 공물을 바치는 벽화가 화사하다.

태양신 라는 태양 원반을 쓴 모습으로, 호루스신은 매의 얼굴로, 치
료와 지혜의 신 하토르는 입이 나온 따오기의 모습으로, 사후세계를
관장하는 오시리스신은 푸른 얼굴로 람세스 2세를 지그시 바라본다.

가장 안쪽에 있는 제4 성소에 들어가니 네 개의 좌상이 있다. 라호라
크티신(라+호루스), 신격화된 람세스 2세, 아몬라신(태양), 프타신(어둠)이
다. 1년 중 2월 22일과 10월 22일에 이 공간에 태양빛이 딱 두 번 들어

오는데 어둠의 속성을 가진 프타신에는 빛이 들지 않는다. 태양의 기적이 1년에 두 번 일어나는데 람세스 2세 자신이 태어난 2월 22일경과 파라오로 즉위한 10월 22일경에 성소에 빛이 들어온다.

세 개의 석상에는 햇빛이 들어오고 하나는 들어오지 못하게 설계하다니… 아몬라상까지는 태양의 빛이 정확하게 20분 간격으로 딱 비추고 프타신은 비추지 않는다니. 현대 건축기술로도 풀어내지 못한다고 한다. 이런 현상을 보기 위해 전 세계인들이 모여든다는데, 날짜를 맞추지 못해 아쉽기 그지없다.

네페르타리 소신전

아부심벨 바로 옆 **네페르타리 소신전**으로 이동한다. 네페르타리는 '미녀가 왔다'라는 뜻이라니 재미있다. 람세스 2세가 지독히도 사랑한 왕비다. 소설 〈람세스〉에 의하면 네페르타리는 신전에 있던 신녀로 람세스를 한눈에 반하게 만든 신묘함과 지혜와 절제의 여신이다.

결혼 후에 람세스가 여러 여자들을 거치지만, 네페르타리는 질투 한

번 없이 슬기롭고 조용히 람세스 2세의 마음을 돌아오게 한다. 이집트 최고의 미인 중 한 명인 네페르티티와는 다른 인물이다. 네페르타리는 이집트 3대 미인에는 포함되지 않는다.

여기서 참고로 이집트 3대 미인을 살펴보면, 클레오파트라. 네페르티티. 아낙수나문이다. 클레오파트라는 너무도 유명한 이집트의 마지막 여왕이고, 네페르티티는 아멘호테프 4세인 아크나톤의 부인이며 아낙수나문의 어머니다. 아낙수나문은 투탕카멘의 왕비이며 아크나톤과 네페르티티의 딸이다.

네페르타리 소신전은 왕비를 위한 신전으로 유일하고, 왕비의 신상을 파라오와 같은 크기로 세운 것도 유일하다. 람세스 2세가 이 신전을 사랑의 여신과 네페르타리에게 바쳤다는 것으로 보아 왕비에 대한 사랑이 어느 정도였는가를 짐작할 수 있다.

입구에 높이 10m의 여섯 개의 입상은 람세스 2세와 네페르타리다. 람세스 2세가 여신에게 공물을 드리는 부조는 아내를 신으로 인정받기 위한 것이라 한다. 전실에는 12개의 하토르 여신상이 있고, 상하 이집트 왕관을 쓴 네페르타리와 람세스 벽화가 있다.

소신전 내부 「벽화」

나세르 호수가 소신전 3면을 둘러싸고 있는 모습과 민둥산 같은 신전의 뒤태를 보면서 역사와 인간의 위대함에 할 말을 잃고 터벅터벅 버스에 오른다.

국토의 95%를 차지하는 사막은 표피층만 덮인 것이라고 하는데 이 모래바람 때문에 도시는 누런색을 띠고 있다. 사막을 지나는 2차선 도

로의 저 멀리는 광활한 바다다. 분명히 사막인데 바다 위에 섬이 떠 있는 것으로 보이니 정말 신기루다. 두바이에서 사막체험을 하지 못한 남편을 위해 여러 포즈로 사진을 찍는다.

정박한 크루즈 바로 옆에 있는 **콤 옴보 신전**으로 간다. 콤은 언덕이고, 옴보는 황금이다. 이 신전은 BC 4세기에 세워졌으며 누비아나 에티오피아와 대상무역의 거점으로 번영하였다. 악어 머리형상의 물신 소백(Sobek)신과 매의 머리를 한 호루스신에게 바치는 신전이다. 벽면에는 호루스 신과 따오기 모양의 지혜의 신, 의학의 신인 토트신에게서 물을 맞는 프톨레마이오스 8세가 그려져 있다. 탑문은 태양이 떠오르는 동쪽 방향으로 아케이드를 의미하는데, 위용이 당당하다.

탑문에 들어서면 안뜰이며 주변을 따라 24개의 열주가 세워졌지만, 다 무너져 내리고 기단 부분만 남아 있다. 성소는 오로지 파라오만 맨발로 들어가고 나올 때 발자국을 지우고 나온단다. 벽 위에 태양선이

312

부조되어 있다. 현세의 왕이며 신의 존재인 파라오는 태양선을 타고 신들의 세계로 항해해 나간다.

길고 긴 외벽에 교훈적 가치가 있는 히에로글리프가 수없이 새겨져 있다. 프랑스 샹폴리옹에 의해 풀린 상형문자에 따라 우리도 각자의 이름을 써 본다. 기원전 3,000년 전에 상형문자인 히에로글리프가 있었던 문명의 이집트! 우리나라는 이집트보다 무려 4,300년 후에 우리 글이 나왔으니 이집트의 우수성을 인정할 수밖에 없다.

신전의 옆쪽에는 나일강 물이 범람할 때 치수를 재는 나일로미터가 있는 우물이 있다. 작은 글씨로 물의 수치를 표시해 놓고 태양력을 썼던 흔적이 남아 있는 우물을 살펴보고 있는데 크루즈에서 배가 떠난다고 빠~앙 뱃고동 소리를 낸다.

나일로미터

악어 석관

바쁘게 내려가서 오른쪽으로 돌아가자 악어 미라 전시관이 있다. 여기서는 악어가 신수(神獸)였기 때문에 악어가 죽으면 미라를 만들기도 했다. 고대 사람들은 악어를 나일강에 살고 있는 신으로 생각했고 악어가 온갖 위험으로부터 보호해 준다고 생각했다. 아래에서 바라본 신전의 불빛은 영혼의 신성함까지 느끼게 한다. 내일 새벽에는 에드푸에 우리는 도착할 것이다.

313

# .5.

# 호루스 신전인 에드푸 신전.
# 멤논의 거상, 왕비의 계곡. 하트셉수트 장제전.
# 왕가의 계곡

가이드가 오늘의 일정을 설명한다. 에
드푸 신전을 보고, 룩소를 거쳐 저녁 시
간에 크루즈에 돌아와야 한다고 흥에 겨
워 말한다. 아침 5시 30분 크루즈에서 내

마차 투어

리니, 마차가 말발굽 소리를 경쾌하게 울리며 15분 정도를 나일강 서쪽
강가로 우리를 이동시킨다.

호루스 모양의 배

에드푸 신전은 프톨레마이오스 왕조 때인
BC 237년부터 BC 57년까지 건설되었으며,
현재 호루스를 섬기는 신전으로는 제일 크
고 보존 상태가 가장 뛰어나다고 한다. 입장
티켓에는 매의 형상을 한 호루스신이 그려져
있어 호루스 신전이라고도 한다.

전쟁터 위에 세워진 **에드푸 신전**은 카르
나크 다음으로 가장 큰 신전이기 때문에 벽화에 히에로글리프(상형문
자)로 많은 이야기가 기록되어 있지만, 훼손 또한 심하다. 이교도인 콥

314

트교인들이 이곳을 주방으로 사용하였
기 때문이라고 한다.

에드푸 신전

일반적으로 우리는 룩소르라고 하는데
가이드는 룩소라고 한다. 이 지역에서는
그렇게 말하나 보다. 고왕조 수도인 멤피스에서 중왕조에 룩소르로 수
도를 이전했는데 그 시대에는 테베라 불렀다.

나일강을 기점으로 산 자의 도시 아크로폴리스가 동쪽에 있고, 왕들
의 계곡 또 파라오들의 안식처가 있는 죽은 자의 도시 네크로폴리스가
서쪽에 있다. 이집트의 농경지는 전 국토의 3%이고, 그중 1%가 룩소르
에서 아스완까지다. 97%는 사막이다. 에드푸나 룩소르 지역은 사탕수
수 재배를 많이 하는데 지붕이 없는 집들이 많다. 지붕이 없으면 세금
을 받지 않는다고 한다.

멤논의 거상

버스는 2시간 30분 동안 달려 네크로폴리스의 첫 번째인 **멤논의 거
상**에 10시 25분에 도착한다. 명성과 다르게 허허벌판에 덩그러니 방치
되어 있어 놀랍고 조금은 실망스럽다. 룩소르(테베)에서 규모가 가장 큰
아멘호테프 3세의 장제전 터인데, 신전은 없어지고 거대한 석상 두 개만

남아 있다. 장제전은 고대 이집트에서 죽은 왕들에게 바칠 물건과 음식을 저장하던 곳이다.

카이로 고고학 박물관의 정중앙에 자리하고 있던 우리의 광개토대왕 같은 아멘호테프 3세는 아톤을 섬겼던 이단 파라오 아멘호테프 4세(아크나톤)의 부친이자 소년 왕 투탕카멘의 할아버지이다. 멤논의 거상은 머리에 쓴 관을 합하면 높이가 22m나 되고, 규암으로 이루어져 있다.

그리스 사람들은 이집트를 방문할 때 첫 번째 보고 싶은 것이 피라미드이고, 그다음 반드시 봐야 할 것은 자신들의 승리의 흔적인 멤논의 거상이란다. 그리스신화에 나오는 에티오피아의 왕 멤논(트로이전쟁 때 트로이의 프리아모스를 도우러 갔다가 그리스군 아킬레스에게 죽임을 당한 인물)이 그의 어머니에게 인사하는 소리라고 하여 멤논의 거상이라고 불리게 되었다고 한다.

BC 27년 지진으로 인해 부서진 거상에 금이 갔다. 그 사이를 통과하는 바람 소리가 울음소리로 들린다는 게 정설이다. 199년 로마 황제 세베루스가 보수하고 울음소리가 그쳤다고 한다. 사암으로 둘러싸인 외롭게 서 있는 멤논의 거상을 뒤로하고 다시 걸음을 재촉한다. 2월인데, 여기도 겨울인데, 태양 빛이 정말 따갑다.

멤논의 거상이 있는 장제전을 출발하여 30분 정도 지나니 **왕비의 계곡**이 있다. 이집트 왕비들의 안식처다. 대표적인 두 왕비의 묘지가 십여 미터 사이에 조성되어 있다.

왕비의 계곡

다신교를 믿던 이집트에 유일신인 태양신을 끌어들인 이집트의 반항아 아멘호테프 4세(아크나톤)의 왕비인 네페르티티(BC 14세기)와 이집트의 영웅 람세스 2세의 왕비 네페르타리(BC 13세기)이다.

1904년 한 이탈리아 고고학자에 의해 발견된 네페르타리 무덤은 1995년 일반에 공개되었다. 우리는 네페르타리 무덤을 선택관광으로 정했기 때문에 다른 왕비들의 무덤은 그냥 패스.

**네페르타리 무덤**은 1인당 180불을 더 지불해야 한다. 너무 비싼 가격에 많은 사람들은 선택을 포기했지만, 나는 그럴 수가 없다. 람세스 책을 통해서, 아부심벨을 통해서, 보고 싶던 네페르타리를 만나기 위해 180불은 아무것도 아니다. 사진 촬영은 절대 안 된다는 주의를 준다. 지하로 뚫린 긴 굴속으로 들어간다. 어떻게 이렇게 선명한

네페르타리 무덤

색채에 아름다운 색상이 보존되었을까? 도대체 무슨 원료를 사용했을까? 화려한 색상은 경이로움과 황홀함 그 자체다. 3,300년 전의 것으로는 믿기 어려울 정도의 섬세함과 뚜렷한 색채에 가슴이 뛴다.

네페르타리 무덤 안의
관리인이 내가 벽화에 관
심을 보이자 먼저 돈을
요구하고 사진 찍기를 권
유한다. 이집트가 후진국
에서 벗어날 수 없는 이
유를 알겠다. 이 소중한

네페르타리

문화유산의 훼손보다 자신의 주머니를 먼저 생각하는 관리인들이 있
다니. 우리나라에서는 상상할 수 없는 일이다. 국민들의 개화가 빨리
이루어져야 할 것 같다. 외국인인 내가 더 화가 나고 정말 속상하다.

하트셉수트 장제전

왕비의 계곡을 돌아 **하트셉
수트 장제전**으로 출발한다.
붉은 바위산 골짜기를 끼고 신
비로운 과거의 길을 달린다.
돌 밑의 구멍들은 네페르타리
벽화를 그린 석공의 후손들이
터를 만들어 살던 곳이라고 가

이드는 한껏 고조되어 이야기한다. TV에서, 책에서 보던 장제전과 별
반 다름이 없으리라 생각했는데 현장에서 목격하는 하트셉수트 장제전
은 놀라움이다. 사암으로 이루어진 산세에 한번 놀라고, 그 산세의 일
부분이 된 장제전에 또 놀란다. 한때 이곳은 기독교 수도원으로 사용
되었고, 미라 은닉 장소로 사용되기도 했다.

하트셉수트(BC 15세기)는 투트모세 1세의 딸이자 배다른 동생 투트모세 2세의 왕비이다. 투트모세 2세가 일찍 죽자 투트모세 3세를 6살의 어린 나이에 왕위에 올려, 하트셉수트가 섭정하며 자신이 아문신의 딸이며 파라오라고 선언하고 강력한 여왕이 된다.

스핑크스 얼굴을 한 하트셉수트상은 계단 끝에 유일하게 남았는데 많이 훼손되어 있다. 신전의 외형은 2층으로만 보인다. 그러나 3층을 만들어 테라스로 활용했다니, 그 시대의 건축술은 도대체 어디까지였을까 궁금하다. 열주식 기둥과 복도가 있고, 신전까지 이어지는 행렬용 도로가 이 정원을 둘로 나누며 중앙의 경사로를 따라 다음 대지로 올라가도록 유도한다.

하트셉수트 장제전

하트셉수트 장제전

열주마다 조각된 부조에서 여왕이 지니고 있는 힘의 에너지를 만난다. 신전 곳곳에는 아버지 투트모세 1세의 위대한 업적에 대한 기록들이 있다. 부조로 남겨진 하트셉수트 여왕의 모습은 당당한 체격으로 삼각 요포에 가짜 수염을 달고 팔짱을 끼고 있는 강력한 남성상이다. 장제전 기둥에 표현된 오시리스 모양의 여왕이나 스핑크스 여왕 석상도 턱수염을 붙인 남성의 모습이다. 이런 이유로 하트셉수트가 남성이라 알고 있었는데 장제전에 새겨진 왕의 카르투슈(이름표시)를 보고 여성이라고 밝혀졌다.

테라스에서 신전 아래 펼쳐진 평야를 바라보면서 하트셉수트는 무슨 생각을 하였을까. 그때도 지금처럼 따가운 2월의 태양 빛이 쏟아지고 있었을까?

왕들의 계곡

정말 궁금했는데 드디어 파라오들의 영혼의 안식처가 있는 왕들의 계곡을 찾는다. 역사의 오랜 시간을 파라오들은 왕들의 계곡에 살아 있었다. 피라미드형 무덤은 도굴의 위험에 쉽게 노출된다는 사실을 알고 있었던 신왕조는 투트모세 1세 이후 람세스 11세까지 단단한 바위산을 지하로 뚫어 300여 년에 걸쳐 조성하였다. 매표소에서 무덤이 있는 곳까지는 제법 먼 거리다. 그래서 전기 기차인 코끼리 열차를 타고 이동한다.

현재까지 모두 62기의 왕의 무덤이 발견되었고 무덤에는 **왕들의 계곡**(Valley of King)를 줄여 KV를 앞에 붙이고, 발견 순서에 따라 번호를 매긴다. 첫째 번 발견한 람세스 7세의 묘는 KV1. 유일하게 도굴되지 않고, 마지막 발굴된 투탕카멘 무덤은 KV62. 발굴된 62개 중 13개에만 입장이 가능하다.

우리들이 들어간 곳은 KV2 Rameses 4세, KV8 Merenptah왕, KV11 Rameses 3세의 무덤이다. 공개된 3개 왕의 무덤은 내부 구조가 모두 비슷한 분묘형태로 지하 25m 정도의 긴 지하통로가 이어진

왕들의 계곡

다. 무덤 안에서 사진 촬영은 금지되며, 표지판에 무덤에 대한 간단한 설명이 있다. 벽 양쪽을 따라 글자들이 촘촘히 새겨져 있고 보존상태도 양호하지만, 네페르타리의 무덤과는 비교할 수 없이 소박하다. 파라오가 생전에 사용했거나 사후에 사용할 생활용품과 종교의식에 사용되는 물품이 있었다고 하나 중요 소장품들은 도굴꾼이 이미 다 가져가서 무덤 안에서 볼 것은 벽화뿐이다.

예술가는 가장 아름다운 색을 골라 채색하려고 목욕재계하고 얼마나 신성한 마음으로 작업에 임했을까.

죽은 자들과의 만남의 시간을 뒤로하고 다음 일정을 위해 서두른다. 점심은 이집트 사람들이 하루에 3번은 꼭 먹는다는 에이쉬라는 밀빵을 먹고 나일강 동쪽으로 이동하기 위해 룩소르 해안에 간다.

돛대가 길게 올라간 배는 바람으로만 움직이는 나일강의 명물 펠루카. 흰색 바탕에 오색으로 그림을 그려 넣은 배는 동력선 보트. 선원들이 우리를 위해 이집트 노래를 불러주고 타악기까지 연주하며 흥을 돋운다. 펠루카는 두 명이 운전을 한다. 한 명은 뱃머리에서 바람의 방향을 보며 조정을 하고 나머지 한 명은 뒤에서 앞 돛의 움직임에 따라 보조 역할을 한다.

# .6.

## 람세스 2세를 만난 카르나크 신전, 조망으로 끝난 룩소르 신전

나일강 동안으로 넘어와 룩소르에서 하
이라이트가 되는 **카르나크 대신전**으로 간
다. 나를 이집트로 이끈 첫째 이유인 카르
나크이다. 람세스 2세를 만날 것 같다. 야
경의 카르나크를 보고 싶었지만, 낮인들 어

카르나크 대신전

떠하랴. 상상 속에서 그리던 정경과는 좀 다르다. 카르나크는 신성해야
하는데⋯ 그래야 카르나크인데⋯. 상가의 통로를 지나야 만날 수 있다.
상상의 세계. 신화의 세계에 있어야 할 카르나크 신전이 돈벌이라는 현
실 속에 있음을 깨닫는다.

카르나크 신전은 BC´2000년부터 건립되었지만, 초기 유물은 거의
남아 있지 않다. 현재 신전에는 신왕국 시대부터 프톨레마이오스 왕조
에 걸쳐 건립된 10개의 탑문, 람세스 1세로부터 3대에 걸쳐 건설된 대
열주실, 투트모세 1세와 하트셉수트가 세운 오벨리스크, 투트모세 3세
신전, 람세스 3세 신전이 있다.

카르나크 신전은 신전의 집합소다. 가장 대표적인 것은 아몬 대신전

카르나크 대신전

으로 현존하는 이집트 최대 규모의 신전이다. 아몬 신전 뒤쪽 좌우로
몬투 신전과 무투 신전이 있지만, 지금은 터전만 남아 복원 중이다. 그
렇기 때문에 현재로써는 아몬 대신전이 카르나크 신전의 전부라고 보
면 될 것 같다. 아몬신은 원래 테베지역 신이었는데 남북통일이 되면서
신들의 대장신, 국가 수호신이 되었다.

파라오는 태양선을 타고 나일강에 내려서 참배로를 따라 들어갔을
것이다. 우리도 참배로를 따라 들어간다. 파라오들은 어떤 생각을 하며
이 길을 걸었을까. 순간 나는 람세스 2세가 되어 그 길을 걸어본다. 카
르나크 신전 제1탑문 앞의 스핑크스도 상당히 기대하고 왔는데 많이
훼손되어 안타깝다.

제1탑문에 들어서니 왼쪽에 세티 2세 신전이
있고, 오른쪽에는 람세스 3세의 신전이 있다.
제2탑문 입구에서는 거대한 람세스 2세 입상
이 우리를 맞이한다. 왼발을 내민 람세스 2세
는 오른쪽에서, 가슴에 손을 엇갈리게 올리고
도리깨와 지팡이를 들고 있는 오시리스상을 한

람세스 2세 입상

람세스 2세는 왼쪽에서.

이 신전의 하이라이트는 람세스 2세 때 완공한 **대열주실**이다. 높이 23m, 둘레 10.6m에 이르는 어른 12명이 팔을 잇대야 하는 너비의 원기둥이 화려하고 거대했던 신전의 위용을 보여준다. 이 대열주실의 어딘가에서 람세스 2세가 걸어 나올 것 같다. 세트 1세가 아들을 용맹한 군주로 키우기 위해 황소와 맞붙어 싸우게 한 곳은 어디쯤일까? 황소에 맞서서 으르렁거리는 어린 람세스 2세와 그 광경을 숨죽여 보고 있는 세트 1세의 모습이 당장 눈앞에 펼쳐질 것만 같다. 열주실의 열주에 가장 많은 카르투슈를 새기고 신성한 왕이 되기 위해 끊임없이 수양한 파라오 람세스 2세와 그의 삶을 송두리째 지배했던 왕비 네페르타리의 속삭임이 세포 하나하나에 스며들도록 나는 숨을 크게 들이마신다.

크리스티앙 자크의 〈람세스〉를 읽고 꼭 와보고 싶었던 카르나크. 교육기관인 캅에서 함께 공부했던 람세스의 친구들의 모습은 어디에서 찾을까? 람세스의 비서이며 신발 운반 담당관이며 신성문자를 잘 해석했던 아메니는 빼빼 마른 착한 사나이였겠지. 수단 출신의 까무잡잡한 미모의 아내가 있고, 사내다움을 뽐냈을 것 같은 세타우는 어디쯤에 있었을까. 세타우를 통해서는 뱀의 독을 이용해서 양약과 독약을 만들 수 있었던 3,500년 전의 이집트의 의학 기술을 보여주었다. 히브리인 출신으로 신전 건축가로 일한 모세는 어떤 멋진 모습으로 서 있을까?

세계 여러 나라를 여행하며 신전은 단순히 신들을 위한 기도의 장소만이 아니라 궁전의 역할도 같이 했을 거라는 확신을 한다. 카르나크의 라암셋이라는 곳에서 람세스는 자랐다고 이집트 관련 소설에서 말하고

대열주실

있고, 라암셋을 람세스로 해석하는 성경연구도 있다. 히브리인들이 라암셋이라는 신전을 짓는데, 카르나크 신전의 제2탑문의 설계자는 모세가 아니었을까.

제 2탑문

제3, 4, 5, 6 탑문은 많이 훼손되었으며 서로 가까이에 있다. 부서진 탑문 아래로는 바닥에 나뒹구는 오벨리스크도 있다. 온전히 보이는 두 개의 오벨리스크가 서 있는데 작은 것은 투트모세 1세(높이 22m)의 것이고 큰 것은 하트셉수트 여왕(높이 29.5m)이 세운 것이다. 투트모세 1세(BC 16세기)의 딸인 하트셉수트는 이집트 역사상 가장 성공적인 여성 파라오였다고 한다. 재위 기간은 20년이다.

오벨리스크

훼손이 심해 흔적만 남은 제5, 6 탑문을 지나니, 사람들이 줄을 서서 기다리는 곳이 있다. 태양신 아문의 지성소라는데 들어가려면 1시간 기다려야 하고, 들어가 봤자 검은 돌 하나밖에 없다고 가이드가 재촉한다. 가이드를 따라야지 어쩔 수 없다.

도리깨와 지팡이를 쥔 석상

신성호수로 가는 길에는 많은 벽화들이 있고, 도리깨와 지팡이를 쥔 석상이 있어 우리도 한몸이 되어 사진을 찍는다. 또 다른 놀라움이다. 여기에서도 콥트 교회 십자상이 있다. 역사의 흐름에는 종교의 흐름이 꼭 같이 하나 보다.

얼마나 훌륭한 명당이었으면 2,000
여 년 동안 이곳에 그 많은 신전을 지
었을까. 현재 우리가 보는 카르나크 신
전은 전체 10% 정도만 발굴된 상태라
하니 그 규모는 상상을 초월한다.

콥트 교회 십자상

신성 호수

신성(神聖)호수라는 연못이다. 신
전 부속의 호수 가운데 가장 크다
고 한다. 람세스 2세와 네페르타리
의 연정이 솟아나던 곳이리다. 크
리스티앙 자크의 〈람세스〉의 장면과 함께 어리지만 아름답고 신묘함이
있던 네페르타리와 건강하고 담력 있는 람세스의 모습이 새록새록 눈
앞에 펼쳐진다.

바로 옆에 다산과 다복의 상징인 거대한 쇠똥
구리 모양의 석상이 있는데 여행객들이 모두 돌
며 기원하고 있다. 별자리를 맞춰 바퀴 수를 돌
리면 자신의 운명도 바꿀 수 있단다. 소원을 빌
면서 열한 바퀴를 돌아야 한다길래 우리도 참
여해 본다.

쇠똥구리 석상

우리의 모임 장소에 도착하니 가이드가 흥분해서 말한다. 가이드를
잘 만났다고. 다른 가이드들은 모르는데 자기만 아는 기가 막힌 장소
로 안내하겠다고. 가이드가 큰소리칠만하다. 제3탑문 신전의 커다란

외벽을 꽉 채운 람세스 2세의
승전보가 거기에 있다. BC 13
세기에 진행된 **카데시 전투**가
외벽에 그대로 묘사되어 있다.

카데시 전투 부조

카데시 전투는 히타이트와의
국제간 외교 평화협정 문서(BC 1279)를 체결한 것으로 유명하다. 협정
문 원본은 이스탄불 박물관에 깨어진 점토판으로 있다. 이집트의 카르
나크 신전 벽에는 람세스 2세의 통치 내용을 담은 상형문자와 부조가
장식되어 있는데, 카데시 전투에서 승리한 그림이 주를 이룬다. 3,300
여 년 전의 람세스 2세가 황금 마차를 타고 진두지휘하는 용맹스러
운 모습, 포로들이 람세스 2세 발 앞에 무릎을 꿇고 있는 모습들이다.
결국 히타이트 공주를 람세스 2세의 네 번째 왕비로 맞이하면서 BC
1264년 평화 강화 협정조약을 체결했는데, 현재 유엔 평화협정조약문
제1호에 이 조약문이 그대로 들어가 있다니 그저 신기할 따름이다.

한 줄기 햇살이 카르나크 신전의 오벨리스크 사이를 가른다. 석양빛
이 이렇게 아름다운 적이 있었든가! 빛과 소리의 향연이 시작될 시간이
다. 우리는 떠나야 한다. 카르나크 신전의 야경을 보지 못하고. 그지없
이 서운하지만, 그리스 파르테논 신전보다 약 1,000년 앞서 있는 이곳
에 있다는 자체를 감사함으로 받아들인다.


파라오들은 영생을 믿었기 때문에 무덤 좌우 측에는 반드시 2척의
배를 묻었다. 새벽부터 저녁까지 12시간짜리 배와 저녁부터 태양이 뜨
기까지 항해하는 12시간짜리 배가 필요했기 때문이다. 카르나크 신전
의 또 하나의 하이라이트는 2척의 태양선인데 우리는 시간관계상 태양
선을 보러 가는 것도 생략이다.

룩소르 신전

　석양의 카르나크를 뒤로하고 룩소르 신전으로 향한다. 사진을 통해서 카르나크와 룩소르 신전을 구분하기 위해 얼마나 머리를 짜내었던가. 백문이 불여일견(百聞 不如一見)이라고 이젠 눈을 감고도 찾아내겠다. 어둑해진 룩소르 신전은 화려한 조명으로 우리를 반긴다. **룩소르 신전** 또한 람세스 2세 때에 건축한 건물이 많다. 룩소르 신전에서 3km 떨어져 있는 카르나크 신전까지는 성스러운 길로, 양 머리 스핑크스가 이어져 있었다고 한다.

　이 성스러운 길에서는 지금도 오페트라는 이름으로 축제가 해마다 성대히 열리고 있다. 참배의 길을 따라 수많은 인파가 달려 나와 꽃을 바치고 풍년을 노래한다고 한다. 배 모양의 성스러운 가마가 테베의 주신 아몬과 현세의 통치자인 파라오가 곧 일체임을 백성의 뇌리에 강렬하게 주입시키던 오페트 축제의 전통을 보고 싶었지만 축제 기간이 아니라서 이 또한 아쉽다.

　고대에 태양이 뜨고 지는 지평선이라고 불렸던 룩소르 신전의 오벨리스크! 원래 룩소르 신전 제1탑문 좌우에 두 기의 오벨리스크가 나란히

서 있었다. 오른쪽에 있던 오벨리스크는 현재 파리 콩코드 광장 한가운데 우뚝 서 있다. 재작년 프랑스 여행 시 콩코르드 광장에서 보았던 오벨리스크가 떠오른다. 조명 속의 룩소르 신전이 이렇게 아름다운데 카르나크의 야경은 어느 정도일까. 아이구. 애석하다. 애석해.

마차 투어로 룩소르 골목과 시장을 돌아보며 그들의 생활상을 온몸으로 느낀다. 홀수인 우리 가족은 자연스럽게 혼자 온 안양댁과 한 팀을 이루었는데 안양댁은 이집트에 살고 있는 딸네 집에 왔다가 우리 패키지에 합류하게 되었다. 안양댁은 소탈하고 활달하여 여행에 흥을 돋운다. 마차 투어에서는 마부가 멋진 포즈를 연출해주니 안양댁과 또 하나의 추억도 만든다.

룩소르 골목과 시장

룩소르역의 표지인 호루스가 눈에 선하다. 청색 날개를 화려하게 활짝 펼친 매의 머리를 한 호루스였다. 룩소르항에 도착하니 에드푸에서 헤어졌던 크루즈가 도착해 있다.

크루즈 옥상에 올라 나일강을 본다. 서기관들이 하얀 도포를 두르고 나일강 변을 측량하고 있을 것 같았는데 풀밭과 사막만이 보인다. 서운하다. 지금은 2019년. 나는 아직도 고대 이집트를 꿈꾸고 있나 보다. 호화로운 크루즈 호텔의 침대에 누워 나는 나일강을 흐른다. 지금 내가 나일강에 있다.

# .7.

# 세계의 불가사의 기자의
# 피라미드와 스핑크스

3시 30분, 나일강의 달콤한 잠을 뒤로하고 도시락을 하나씩 받아 든다. 룩소르 공항에서 5시 50분 비행기 탑승하고 1시간 20분 비행해서 카이로 도착하니 7시 10분. 2차 세계대전 때, 우리의 독립을 최초로 보장한 카이로 회담이 열렸던 곳. 가는 곳곳마다 우리의 역사도 같이하니 묘한 기분이다. 대한민국의 선현들을 기리기 위해 세운 대한민국 헌정기념비가 있다는데 패키지 안에는 들어 있지 않아서 가이드 말로 대신한다. 역사적으로 그렇게 중요한 곳에는 가봐야 하는 게 기본이건만 씁쓸하다.

기자의 피라미드는 카이로에서 40km 떨어져 있다. 기자에 있는 9개의 피라미드 중 삼총사(BC 2560년경의 쿠푸왕, 그의 아들 카프레왕, 그의 손자인 멘카우레왕)가 우리의 목표다. 조심, 또 조심을 가이드들이 외치건만, 다른 여행사팀 한 분이 피라미드에서 사진 찍다가 넘어졌다. 머리 23발을 꿰매서 얼굴에 온통 붕대를 감고 다니는데 안타깝다.

최초의 피라미드는 제3왕조의 파라오 조세르 시대에 임호테프(BC 27세기)라는 재상에 의해 건설되었다. 조세르왕 피라미드에서 임호테프를

이렇게 소개하고 있다. "파라오의 고문
하 이집트의 왕국의 제2인자, 위대한
재상"이라고. 살아서 널리 숭배받고 죽
어서 전설로 남을 만큼 임호테프는 천
부적인 재능인이었음은 분명해 보인다.

피라미드

조세르 피라미드는 장방형의 석조물
로 계단식인데 이것은 이집트 피라미
드의 원형이다. 계단을 메워 삼각뿔 모양으로 만든 것이 기자 피라미드
다. 기자 피라미드 건설 이후에 새로운 모양의 신전 건축으로 관심이
이동하면서 기자에는 더 이상 피라미드가 세워지지 않았다고 한다.

피라미드

**기자의 피라미드**다. 어릴 때부터 꿈꾸던
곳에 내가 섰다. 정말 크다. 이렇게까지 클 줄
은 몰랐다. 사진에서 보던 거와는 또 다르다.
밑단은 내 키만 하다. 헤로도토스(BC 5세기)의
〈역사〉에 이집트 기자의 대피라미드에 관하여
10만 명이 3개월 교대로 20년에 걸쳐 건축하
였다고 기록되어 있다.

피라미드를 지은 노동력에 대해서는 많은 학설이 있다. 노예의 노동
력으로 건립되었다는 것이 그동안의 정설이었으나 최근에 20년 동안
급여를 받은 4,000~5,000명의 노동자에 의해 완공되었다는 학설이
나왔다. 147m의 높이와 230m의 밑변으로 이루어진 이 피라미드를 이
집트 역사 초기에 만들었다는 사실은 당시 이집트인들의 수치에 대한
지식과 기술력의 정교함을 알 수 있다. 나일강의 범람으로 수학이 발달
했다는 것은 익히 알고 있었지만, 정말 경이롭다.

2016년에는 대피라미드 건축을 위해 석회암을 운반하는 항구 노동자들의 일상이 담긴 파피루스 고문서를 이집트 박물관에서 공개하기도 했다.

피라미드

태양이 되고자 하는 파라오의 마음을 현장에서 보는 것만으로도 분명 가치 있는 일이리라. 신의 집을 짓는 것은 종교지도자나 파라오에게나 중요한 일인가 보다. 현재까지도… 고대 이집트인들에게 파라오는 신의 화신이었다. 사람은 생명이 다하면 하늘나라로 가서 영원한 생명을 얻게 되는데 피라미드는 하늘로 올라가는 계단이었던 것 같다.

피라미드를 보고 감격하지 않는 사람이 있으랴마는, 나폴레옹은 특별했던 것 같다. 피라미드 내부를 보고 난 후 고대 이집트 건축술의 신비로움에 3일 동안 실어증이 걸릴 정도로 말을 못하다가 4일째 되는 날 스핑크스 앞에서 20분 연설 중 15분 동안 이집트 문명에 대한 극찬과 함께 자신이 느꼈던 감정 그대로를 표현했다고 한다. 이집트 정부에서 3개월 이상 걸쳐 내부 통로를 만들었는데, 도굴꾼들은 고대 이집트인들이 만들어 놓은 출입구를 15일 만에 찾아내었다

피라미드 입구

고 한다. 우리는 도굴꾼이 만들어 놓은 입구를 통해 들어간다.

1818년에 피라미드의 내부가 세상에 알려지게 되었다. 내부로 들어가는 길은 지상 10m 정도를 평평하게 가다가, 수직으로 52도 급경사로

오른다. 통로가 상당히 좁아 두 사람이
간신히 몸을 돌려야 올라갈 수 있는 계
단이다. 허리를 굽히고 올라가면 평평한
길이 나오고 그 끝에 파라오 시신이 안치
되어 있는 가로 14.15m 세로 5m, 높이

올라간 길

6.8m의 왕의 방이 나온다. 그 가운데 직사각형 모양의 석관이 있다.
이곳이 피라미드 꼭짓점 바로 중간이다. 원래는 꼭짓점에 해당하는 삼
각형 위에 호박금인 황금을 입혔다고 한다. 그래서 태양이 뜨면 100리
밖에서도 빛이 반짝반짝 빛났단다. 아래에 왕비의 방이 있는데 우리에
게 허락된 공간은 여기까지다.

영혼의 꿈을 지니고 사는 이집트의 이야기를 피라미드 안에서 느끼
며 4,500년의 역사 앞에 서 있다는 사실만으로도 깜짝 놀란다.


삼총사 **쿠푸, 카프레, 멘카우레**가 잘 보이는 파노라마존으로 이동
한다. 아들은 낙타에 타고 나는 낙타 줄을 잡고 삼총사 피라미드를 배
경으로 멋있는 포즈를 취하지만, 얼마 전, 한국인이 여기에서 낙타 투
어하다 사망한 일도 있고, 메르스의 위험이 있어 께름칙하다.

기념품점에서는 크리스탈로 만든 삼총사 피라미드를 한 세트로 팔고
있는데 "두 개만 복을 받으세요. 한 개는 내가 받을게요." 하면서 흥정
한다. 장사 수완이 좋다.

왼쪽에 태양선이 있는 박물관이 있다. 배 한 척의 크기가 약 35m에
서 42m가 되고 레바논에서 수입했던 백향목이라 불리는 삼나무로 만
들었다는데 3,000년이 지나도 썩지 않는단다. 파라오 무덤에서 없어졌
던 태양선 한 척을 일본 정부가 무상으로 복원해 주었다고 한다. 이런
이유로 일본 자동차라든지 공산품들이 관세 혜택을 받으면서 자리를

파노라마 존

확보하고 있는 것은 분명하다.

사람의 머리, 사자의 몸, 독수리의 날개인 괴물. 그리스 전설에 테베 인들을 두려움에 떨게 했다던 **스핑크스**를 보러 간다. 가장 규모가 크고 유명한 스핑크스는 기자의 피라미드 바로 옆에 있는 스핑크스다. 이 스핑크스의 초상은 BC 2500년경에 재위했던 **카프레왕**의 얼굴이다.

스핑크스의 권위를 빌린 왕의 일화 가 스핑크스 다리 사이에 있는 비문에 기록되어 있다. 재미있다. 아멘호테프 3세의 父이고, 아크나톤의 조부(祖父) 인 투트모세 4세(BC 15세기 말)는 아멘

스핑크스

호테프 2세의 배다른 동생이다. 잘 생기고 남자다운 그는 형제들의 시기와 질투에 시달렸다. 어느 날 목과 얼굴만 솟아 있는 스핑크스에게 답답한 자신의 마음을 털어놓으며 잠이 들었는데 "이 모래를 제거하면 너를 왕으로 삼겠다."라며 스핑크스가 눈을 반짝이며 말했다. 즉시 투트모세 4세는 모래를 모두 걷어내고 왕위에 올랐다는 내용이다.

스핑크스와 피라미드

새벽에 들어가면 태양 빛을 정면으로 받는 스핑크스를 볼 수 있다는
데 태양이 내리쬐는 한낮이라 아쉽다.

갑자기 이집트 현지 여자가 등장하여 사진을
찍어 준다고 호의를 베푼다. 멋있는 포즈로 피
라미드 꼭짓점을 손으로 잡아보기도 하고 점프
를 하기도 하고, 스핑크스 턱에 어퍼컷을 넣기
도 하고 선글라스를 끼워보기도 하고 우리는
번갈아 가면서 멋있는 폼을 잡는다. 걸렸다. 호
의가 아니었다. 수고비를 너무 많이 요구한다.
10불 주는 것으로 흥정을 마쳤다.

스핑크스와 한컷

네페르티티 조각상

스핑크스를 나서며 네페르티티 조각상을 하나 기
념으로 산다. 이집트 3대 미녀의 한 명인 그녀의 흉
상이 이집트에서 발견되었을 때, 왼쪽 눈의 눈동자
가 없는 형태였다고 한다. 발굴 도중에 훼손되었거
나 미완성이었을 것이다. 기념품 가게에서 사는 목
조품도 왼쪽 눈의 눈동자가 흐릿하다.

오후 일정이 없는 관계로 오후 시간을 그냥 보내야 한다. 그래도 좋
다. 나일강을 끼고 있는 카이로 시내의 중심가에 야경이 아름답게 빛
나고 있고 우뚝 솟은 카이로 타워도 보기 좋게 빛난다. 화창한 날에는
피라미드 군단까지 볼 수 있단다. 람세스 힐튼호텔이 이집트 여행의 행
복을 누리는 마지막 밤이다.

# .8.

## 히에로글리프로 내 이름을 써본
## 이집트의 수도 카이로

떠나야 할 아침이 밝아 온다. 7시 30분에 직장 근무가 시작된다니 우리나라보다 훨씬 부지런하다. 카이로가 언제부터 수도였을까. 고왕조 시대에는 멤피스, 중왕조에는 룩소르(테베), 신왕조 말에 다시 멤피스. BC 4세기 알렉산더 대왕부터 로마 시대까지 알렉산드리아. 642년 이슬람 세력이 들어오면서 현재까지 1,400년 동안 카이로가 이집트의 수도다. 중세 유럽인들은 카이로를 천 개의 첨탑이 아름다운 도시라고 불렀다. 3천 년의 화려한 영광을 누린 이집트의 쇠락의 역사가 안쓰럽다.

2,400여 년 동안 속국으로 살아온 이 땅에 어서 빨리 그 옛날의 영광이 찾아오길 기원한다. 쇼핑센터 가는 길 우측으로 대형 박물관이 건축 중이다. 100% 일본 정부의 기술력으로 짓고 있는데 완공되면 축구장 13개 정도 규모가 된다고 한다. 전 세계 유물을 관리해 주는 일본의 머리 굴림에 배가 아플 지경이다.

카이로공항에서 13시 15분 비행기로 아부다비를 경유하여 2월 20일 (수) 11시 45분 인천공항에 도착할 예정이다. 이집트를 떠남은 왜 이리 아쉬울까? 바람결에 스친 느낌은 무엇일까? 알렉산드리아를 꼭 가보고 싶었는데⋯ 어린 나이에 세상을 지배한 알렉산더를 그다지 좋아하지는 않지만, 그의 독서력에는 존경을 표한다. 아리스토텔레스를 스승으로 모시고 책을 무척이나 좋아했던 알렉산더. 그를 기리기 위해 지어졌던 알렉산드리아 대도서관에 꼭 발을 디디고 싶었다.

그리고 덤으로 클레오파트라, 카이사르, 안토니우스도 만날 것 같았는데⋯ 사실 클레오파트라의 사랑에는 별 관심이 없다. 다만, 옥타비아누스에 의해 살해당한 어린 카이사리온이 가여울 뿐이다.

히에로클리프로 써본 내 이름

4,500년 전에 이미 상형문자인 **히에로글리프**로 역사의 기록을 남긴 나라. 시대와 공간을 뛰어넘어 경험한 숨 막히는 감동의 시간들이 마치 꿈속을 거닌 느낌이다. 아무래도 다시 와야 할 것 같다. 그래. 다시 출발하자. 꼭.

**초판 1쇄 인쇄** 2020년 02월 26일
**초판 1쇄 발행** 2020년 03월 05일
**지은이** 최혜경

**펴낸이** 김양수
**편집·디자인** 곽세진
**교정교열** 이봄이

**펴낸곳** 도서출판 휴앤스토리
**출판등록** 제2012-000035
**주소** 경기도 고양시 일산서구 중앙로 1456(주엽동) 서현프라자 604호
**전화** 031) 906-5006
**팩스** 031) 906-5079
**홈페이지** www.booksam.kr
**블로그** http://blog.naver.com/okbook1234
**이메일** okbook1234@naver.com

ISBN 979-11-89254-53-7 (03980)